Nature
History
Library
A.d Z ...... inv.
C.J. de Huyser sculps

博物文库

总策划：周雁翎

博物学经典丛书	策划：陈　静
博物人生丛书	策划：郭　莉
博物之旅丛书	策划：郭　莉
自然博物馆丛书	策划：邹艳霞
自然散记丛书	策划：邹艳霞
生态与文明丛书	策划：周志刚
自然教育丛书	策划：周志刚
博物画临摹与创作丛书	策划：焦　育

博物文库·博物学经典丛书

薛晓源 主编

Birds of Paradise

寻芳天堂鸟

〔法〕弗朗索瓦·勒瓦扬
〔英〕约翰·古尔德　　著
〔英〕阿尔弗雷德·华莱士
童孝华　连贯怡　译
胡运彪　审校

北京大学出版社
PEKING UNIVERSITY PRESS

图书在版编目(CIP)数据

寻芳天堂鸟/(法) 弗朗索瓦·勒瓦扬, (英) 约翰·古尔德, (英) 阿尔弗雷德·华莱士著；童孝华, 连贯怡译. —北京: 北京大学出版社，2017.1
（博物文库·博物学经典丛书）
ISBN 978-7-301-27837-6

Ⅰ. ①寻… Ⅱ. ①弗… ②约… ③阿… ④童… ⑤连… Ⅲ. ①雀形目－介绍 Ⅳ. ①Q959.7

中国版本图书馆CIP数据核字 (2016) 第294580号

书　　名	寻芳天堂鸟 XUNFANG TIANTANGNIAO
著作责任者	〔法〕弗朗索瓦·勒瓦扬　〔英〕约翰·古尔德 〔英〕阿尔弗雷德·华莱士 著 童孝华　连贯怡 译
责任编辑	于　娜
标准书号	ISBN 978-7-301-27837-6
出版发行	北京大学出版社
地　　址	北京市海淀区成府路205 号　100871
网　　址	http://www.pup.cn　　新浪微博: @ 北京大学出版社
电子信箱	zyl@pup.pku.edu.cn
电　　话	邮购部62752015　发行部62750672　编辑部62767857
印 刷 者	北京雅昌艺术印刷有限公司
经 销 者	新华书店
	720毫米×1020毫米　16开本　13.5印张　116千字 2017年1月第1版　2017年1月第1次印刷
定　　价	68.00元

目　录 Contents

101

王极乐鸟

在小型的天堂鸟中，王极乐鸟绝对算是最美丽优雅的……它的胸侧伸出灰色的羽毛，边缘翠绿；它的尾部带有长长的细线，尤其特别，简直是鸟中的珍品，不可多得。

103

小华美极乐鸟

梅尔博士说这种鸟的头上的盾形与一般的华美极乐鸟不同，所以很好区分，它们主要分布在新几内亚岛的东南部。

105

大极乐鸟

马来群岛的商人将它们称为上帝之鸟，葡萄牙人叫它们太阳鸟，而博学的荷兰人叫它们极乐鸟。大极乐鸟是一种非常活跃好动的鸟类，整日都在活动。它们数量庞大，尤其是雌鸟和幼鸟，经常能见到。它们叫声很大，很远就能听见。

108

新几内亚极乐鸟

观其所有，我认为新几内亚极乐鸟是最好看的。此地竟然有如此硕大且绚丽的鸟类。

110

戈氏极乐鸟

每次发现新的极乐鸟都令博物学界振奋，尤其是发现像戈氏极乐鸟这样绚丽的物种。

112

巴布亚极乐鸟（小极乐鸟）

这些鸟喜欢吃肉虫和其他昆虫，也爱果实、煮熟的大米，甚至熟肉。它们在笼中跳跃的样子很像乌鸦。它们喜欢洗澡，经常梳理自己的羽毛。两个月间羽毛便丰满了，很是养眼。

114

红极乐鸟

这种美丽动人的天堂鸟，超凡脱俗，两侧长着红色的羽毛。背部下方有两根无羽瓣的羽轴，黑色卷曲状，垂至尾部卷曲两圈，十分显眼。

120

号声极乐鸟

它们常在高大的果树上逗留，叫声浑厚悦耳，以浆果和水果为食。其巢很平，由卷须状藤蔓植物组成，通常建在高处树叶间，与伯劳为邻。

145

王极乐鸟

王极乐鸟喜欢聚集在茂密的小树林中，以各种水果为食，尤其是大的植物果实。其翅膀与脚非常灵活，飞起来发出嗖嗖的声响，很像南美洲的侏儒鸟。它们频繁拍打翅膀，露出胸部扇形的漂亮毛羽，尾部丝线分成双曲线，十分优雅。

148

丽色极乐鸟

头部覆盖着天鹅绒般的棕色羽毛，从背部向前推移遮住鼻孔。颈背长出大片浓密的黄色羽毛，形成一个披肩，约1.5英寸长。披肩下方又形成一个红棕色披肩，其余部分为橙棕色，尾羽深青色，羽翼橙黄。

150

威氏极乐鸟

最奇妙之处是其头顶无羽毛，而头顶钴蓝色的皮肤十分特别。它们的体形与丽色极乐鸟相似。

152

华美极乐鸟

这是整个天堂鸟中最珍稀夺目的一种。羽毛主要是浓黑色，颈部反射金属光泽，头部覆盖着蓝绿色鳞状羽毛。胸部由坚硬的蓝绿色羽毛形成护盾，从两侧展开，如缎子般富有光泽。

154

阿法六线风鸟

阿法六线风鸟，又称金色天堂鸟，其羽毛乍看上去是黑色的，但在特定光线下是青铜色和深紫色。前额是纯白的，从头两侧长出6根漂亮的羽毛，因此得名。

156

幡羽极乐鸟

最奇特的地方是其靠近每只翅膀弯曲处长出的一对窄长的羽毛，覆羽一旦竖立，便可看到这对羽毛显露，可以直立起来。当鸟儿兴奋时，它们就张开，略微散开，与翅膀构成直角。

159

黑镰嘴风鸟

其天鹅绒般的羽毛闪耀着赤褐色与紫色的光泽。尾羽有2英尺长，十分显眼。胸部两侧长出一组宽羽毛。

161

十二线极乐鸟

两侧各伸出6根羽轴，拉长为黑色细丝，呈弧形，极其曼妙。喜欢栖居在开花树木上，其脚部有力，紧紧抓住花朵，吮吸里面的精华。它们喜欢运动，很少停留一处，速度很快。这种鸟喜欢独处，叫声刺耳，通常连叫几声便一跃而起。

164

丽色掩鼻风鸟

主要装饰便是金属般的绿色胸甲，以及胸部两侧的小簇茸毛。背部和羽翼为黑色，在光线下有深紫色光泽，中间两支尾羽蓝绿色，表面柔软光滑。

167

阿尔伯特裙天堂鸟

在澳大利亚北部的约克角，生存着一个相近的物种，叫作阿尔伯特裙天堂鸟。

169

大掩鼻风鸟

在澳大利亚北部，还分布着两种与丽色掩鼻风鸟很像的掩鼻风鸟，一种叫作大掩鼻风鸟，另一种叫作小掩鼻风鸟。

171

小掩鼻风鸟

172

黑蓝长尾风鸟

头部周围的所有羽毛可以竖立，伸展开时美轮美奂。

174

长尾肉垂风鸟

它们数量稀少，头部有光秃秃的肉冠。

176

辉亭鸟

辉亭鸟，博物学家曾叫它金色天堂鸟，主要特征是身上橘黄色的长羽毛，盖住了颈部到后背的地方，像斗鸡脖子上的羽毛。

总序一

Foreword I

刘华杰（北京大学哲学系 教授）

我博物，我存在

近代思想大家笛卡儿曾说：“我思，故我在。”

喜爱大自然、热衷户外活动的人可能会说：“我博物，故我在。”通过博物活动，我们知道自己真实存在，由博物我们得以“好在”。

我们并非存在于真空中，不能完全生活于人工环境中。“生物圈2号”的失败也间接证明，我们离不开大地盖娅（Gaia）。地球相当长时间内不得不是人类的唯一家园。鼓动移民太空的，要么不懂博物学，要么别有用心。

博物学着眼于“生活世界”，是普通人可以直接参与的一大类实践活动。博物学有认知的维度，更包含日常生活的方方面面，后者是基础、是目的所在。“博物人生”不需要不断加速，速度快了会导致多方面的不适应。这就决定了博物学不同于当下的主流科学技术。主流科技充当了现代性列车的火车头，而博物学不具有此功能，也不想具有此功能。不断进步、革新不是博物学的运作方式，博物学史研究对“革命”也没那么多渴望。缓慢、平衡、持久才是博物学最在意的方面。

与主流科技宜保持适当距离

最近，博物学在中国稍有复苏的迹象，出版物多起来，争议也随之而起。

许多人习惯于将博物学与科学或科普联系在一起，自然有一定道理，但是在我看来，最好不这样看问题。博物学与科学在漫长的过去，有许多交集但也有明显的不同，谁也没法成为对方的真子集。一些人是标准的博物学家，却无法算作科学家，反之亦然。科学、科普的目的，与博物的目的，可以非常不同（也有一致的方面）。相对而言，博物可以更随便一点、更轻松一点。但这并不意味着博物学等价于不专业，许多博物学的工作做得相当专业，不亚于科学家所做工作。谁是博物学家？中文中称某某家，好像是件挺大的事儿，一般人不能称“家”。而英文中naturalist（博物学家）限制相对小一些，普通人士也可以称 naturalist。如果不想把博物学人为搞得过分学究气，许多喜欢博物的人都可以称为博物学家、博物家，只是不要太把“家”当回事。

20世纪末，在多数人不看好博物学的时候，我们就看到了它的潜在价值、想复兴它，当然不只是盯着博物活动中的瞧一瞧、玩一玩，虽然简单的瞧和玩也极为重要。我们在哲学层面和文明演化的层面，选中了博物学！“我博物，我存在。”不是简单的句型练习，而是具有实质内容，我们真的相信如此。通过仔细考察，我们发现博物活动既能满足人们的许多需要，特别是智力需求、审美需求，也是可持续的。而当今占主流的科技活动却是不可持续的，将把人类带向不归路。这种确信的一个重要理由是，博物学历史悠久，除了近代的个别疯狂举动之外，整体上在大部分时间内，它都是人类与大自然打交道的一种环境友好的、破坏力有限的学术和技艺。

必须面对质疑

我在一个科学编史学会议上讲“博物学编史纲领”时，同行、朋友柯遵科先生提出三点疑问：1. 西方近代博物学与帝国扩张密切结合，做过许多坏事。2. 博物学曾与自然神学相连，而自然神学令人讨厌。3. 达尔文进化论的传播或者误传给人类社会带来了深重灾难，而进化论是博物学的最高成就。

这三点质疑说到了点子上，我当然早就充分考虑过，所以马上就能回应。第一，博物学与科学一样，都干过坏事，对此不能否定。不宜“好的归科学”，也不宜“好的归博物”。资本主义扩张，中国是受害者，我们清楚得很。现在中国钱多了、搞经济建设，也不宜把周边的环境、资源搞得太差。现在，帝国扩张的时代已经基本结束，对话合作、和平发展是主旋律；对异域动植物及其他好东西的疯狂掠夺虽然现在还时有发生，但已经比以前好多了。历史上，特别是从18世纪末到20世纪上半叶博物学干了许多坏事，但现在的博物学活动受法律和伦理约束很大，即使是标本也不能随便采集，而且许多自然保育运动起源于博物学家的努力。当今有世界影响的大部分环境保护组织都与博物学（家）有重要关联，如英国的皇家鸟类协会、美国的奥杜邦协会、山岳俱乐部。这些组织开展的范围广泛的博物学活动，吸引了大批的民众，推进了自然保护和环境保护。柯遵科的提醒当然非常重要，博物学工作者一定要牢记。现在，有一些博物活动依然在破坏大自然、糟蹋生命，这是需要努力克服的，要尽量减少伤害。

博物学中有一类可称之为怀特（Gilbert White）博物学或阿卡迪亚（Arcadia）博物学，非常不同于帝国博物学。前者每个普通人都可修炼，也是应当提倡的。后者是一个特殊时代的产物，现在应当尽量避免。阿卡迪亚博物学的代表人物包括怀特、歌德、缪尔、梭罗、利奥波德、卡森等。而帝国博物学的代表人物是林奈、洪堡、班克斯、达尔文、E.H.威尔逊等。自然，后者也做过一些好事，不可一概而论。

第二，以今日的观念看自然神学，当然觉得可笑、无聊。但是，历史上在自然神学的大旗下博物学得以迅速发展，这与近代自然科学在基督教的庇护下得以做大做强，是一个道理。不能只承认后者而不承认前者。当然有人两者都不承认。自然神学为当时的博物学探究提供了价值关怀，这一点是可以“抽象继承”的。当今科学技术为何令人担忧、为何不值得知识界依赖？其中一个重要方面是其去价值化，智力与价值、伦理脱节。这里不是说去掉了所有价值，科学技术也是价值负载的，这里是专指，指科技失去了终极的价值关怀。一些研究人员，不愿辜负了自己那点可怜的智力（注意不是智慧），给钱就做，争先恐后地与魔鬼打交道。在这样一种背景下，博物学适当强调人在大自然面前谦卑一点，有那么一点宗教情怀，可能不算坏事。敬畏、谦卑、感恩，恰好是当代人缺少的东西。过去的老账不能忘，也要考虑进行“创造性转换”，可否把当年的自然神学改造一下为复兴博物学所用？中国的博物学并不涉及西方的自然神学，但类似的价值观照是有的，比如“天人合一”。这样的价值关怀是超越的，属于信仰层面，不可能在知性的层面严格论证。今日的博物学家，可以是也应当是有信仰的人，不能是给钱就做的人。

第三，达尔文的理论的确属于博物学成果，他和他的爷爷都是优秀的博物学家。达尔文的理论不宜称为“进化论”而宜称为“演化论”。这一理论的确属于博物层面的成果，是博物传统的成果。达尔文时代人们不可能知道演化的具体机制，那时没有孟德尔的豌豆实验，没有基因概念，没有发现遗传密码，不知道碱基对。但达尔文竟然猜出了生命演化的基本图景，这相当了不起。

误解达尔文理论的危害远大于误解量子力学的危害。达尔文的理论虽然没有使用一堆数学符号和公式，文字表述也不复杂，但是非常容易被误解。主要原因是，读者阅读一种东西，不是空着脑壳而是带着时代的缺省配置（default configuration）而来的，人们以时代的主流观念加上自己的“洞穴”配置来解读达尔文平凡的文字，得到了想象中的世界图景。我在不同场合曾多次讲到达尔文理论的“三非”特征：非正统、非人类中心论、非进步演化。从19世纪中叶起，这三个特征都迅速被作了相反的确认。达氏的理论一经出炉就在舆论上快速取代了当时的主流观念，成了正统（民众和当时的知识分子基本上理解不了达尔文的观念，其支持者也不完全同意他的观点）。但据科学史专家鲍勒（Peter J. Bowler）的研究，在19世纪几乎找不到几个人能够完整理解并认同达尔文的思想，虽然表面上大家都非常拥护达尔文。这类人中包括大名鼎鼎的赫胥黎（Thomas H. Huxley）。达尔文的名著发表70多年后，进入20世纪二三十年代，才有越来越多的学者真正理解并认同达尔文的“危险观念”。非人类中心论的思想超前几乎一个世纪，在当时及之后百年中几乎被作了相反的理解，比如相当多的人以为达尔文的理论教导我们：人是进化的最高级阶段，世界向我们这个方向进化而来，人是进化的目的所在。这多少令人痛心，但也没办法，注定要经过相当长的时间（可能还需要100年、200年或更久），读者才有可能理解达尔文的平凡观点。在达尔文看来，演化并不意味着进步，严格讲演化是没有方向的，演化是一种局部适应过程。

达尔文理论的误传导致许多恶果，能否算在达尔文身上或者一般的博物学家的身上？宽泛点说，达尔文也有份，谁让他提出了人家不容易理解的理论啦！当然，这有些强词夺理。重要的是，我们要延续达尔文的事业，把博物学进行下去，让更多的人理解真正的演化论思想。以演化思想武装起来的公众通过广泛的博物活动，能够更加亲近大自然，更多地认同合作共生的理念，从而有利于生态文明的建设。

达尔文案例也充分表明，博物学成就并非都是“小儿科”。不下一番功夫，不改造自己的陈旧信念，博物学“肤浅”的理论也容易理解错。演化论是贯穿生命科学的一根红线，也是一切博物活动的思想基础，是否承认这一点是区分真假博物的试金石。我们想复兴的博物学与达尔文演化论是一致的。也不能把达尔文说的每一句话当做教条，实际上人们已经发现有些方面他讲得不对，但大的框架是不能动摇的。

建构未来的博物学

关于博物学的过去和现在，有许多学术问题需要研究，但是相比而言，建构未来的博物学更为重要。我反对本质主义地理解博物学，要强调的就是不要固化博物学的特征，而要以开放的心态看待博物学概念。这样做也符合博物学发展的历史，历史上不同时代不同地域，博物学的特征相差很大。

如果说过去博物学中有些东西还不错，就应当继续；有些东西问题很大，就要考虑剔除。中外博物学有共性也有差异，需要多做研究，取长补短。

北京大学出版社非常重视“博物板块”的出版，这套博物经典著作的推出体现了领导、编辑对博物学所扮演独特社会角色的认定，而具体篇目的选取则体现了主编对“好的博物学”的理解。毕竟博物学包含的东西非常多，并非任何博物的图书都值得推荐。我相信，此丛书的出版，既能帮助人们回忆博物学的过去，也有利于展望博物学的美好未来。

未来博物学什么样？谁也不知道，只能走着瞧。但是我们今日的努力，会影响未来博物学的模样。想象这一点并不难，却仍然需要判断力和勇气。

今日的博物学将引向何处，有多种可能性。如果任其自由发展，可能很好也可能不够好。依照汉语拼音BOWU，可以考虑如下四个方面：

B（Beauty）：天地有大美而不言，博物活动非常在乎自然美。美学家甚至提出一种“蛊惑”性的说法：“自然全美”。

O（Observation）：博物学特别在乎从宏观层面观察、描述、分类、绘制大自然。

W（Wonder）：博物学有意培养“新感性”。修炼者宜怀着“赤子之心”，在博物活动中不断获得惊奇感。

U（Understanding）：博物活动的目标是过平凡的日子，天人系统可持续生存。而要做到这一点需要不断探究演化的奥秘，树立共生理念。

上述博物（BOWU），可算作一种游戏，显然是一种不严格的建构，难免拼凑、挂一漏万，但它富有启发性。我也鼓励所有博物爱好者自己尝试构造心目中的博物学。多样性是博物学的显著特点。大自然是复杂多样的，我们关于大自然的观念、与大自然的关系也应当具有多样性。容忍、欣赏、赞美多样性是修炼博物学需要学习的一项内容。

2015.11.16

于北京昌平虎峪

总序二

Foreword II

薛晓源（中央编译局 研究员）

博物学与生态启蒙

最近，坊间出版了一系列博物学书籍，学界的论文发表量也在蓬勃发展，虽然还没有出现真正的“博物学的春天”，但是温煦的和风已在不经意间扑面而至了。研究生态文明的同仁，认为博物学的复兴拓展了生态文明的新领域和新视野，丰富和拓深了生态文明的研究层次。在面对博物学勃起的冲动与兴奋之后，人们不禁要问：博物学是什么，它有什么样的魅力能激起生态文明研究的深层浪花与层层涟漪？

一、博物学何为？

博物学是什么？这就涉及了博物学的研究领域、研究方法和呈现的方式。我认为，博物学涉及了三个世界：客观知识世界、默会知识世界和生活世界。

根据学界的丰富研究，我们或许可以这样对博物学的研究领域进行概括：

1. 博物学是研究客观世界物的存在方式，从天体星球到鸟兽虫鱼，从崇山峻岭到大河大湖，从广袤的森林到干涸的荒漠，从寒冷的北极到赤日炎炎的非洲，从常年积雪的喜马拉雅山脉到终年葱茏的亚马逊热带雨林，博物学可以说遍及世界物的存在形态和样式。物种的丰富性超出了我们的想象，光是蝴蝶就有近两万种，形态之差异也超出了我们的想象，我看到大概100多位博物画家绘制的蝴蝶图片2万多张，很少有重样的，让人叹为观止！在这种意义上，我们说博物学是关于客观知识的学问。

2. 博物学是关于地方性知识的学问。博物学著作绝大多数是关于某一地区某类物种的研究，或者是某个岛屿某个海角的研究，研究种类五花八门，几乎穷尽世间万物的存在样态。有些地区因为物种的丰富性和奇特性，成为博物学研究关注的焦点地区。南美洲苏里南岛屿，因为17世纪德国女博物学家梅里安名著《苏里南昆虫变态图谱》而闻名于世。太平洋第一大岛新几内亚岛因盛产美丽的天堂鸟（又称极乐鸟），成为博物学家热切向往的地方，进化论创始人之一华莱士就奔赴其地，并写下《马来群岛考察记》；英国鸟类学大师约翰·古尔德也为此绘制五卷本《新几内亚岛及邻近岛屿的鸟类》，引起欧洲上层社会的轰动。还有喜马拉雅地区，因其地理环境的独特性和物种的奇异性，引起众多博物学家涉险前往。约瑟夫·胡克捷足先登，长期驻留考察，写下并出版了《喜马拉雅日记》《喜马拉雅植物》《喜马拉雅杜鹃花》等震烁古今的博物学名著，从此点燃人们对喜马拉雅的无限热情，关注度至今不衰。上述三个地区，因其独特的地理环境、奇异的物种而呈现“地方性知识”，吸引了全球的眼光和关注，从而展现出全球性的特征，因而它们成为“地方性”和“全球性”最为互动的地区，“地方性”和“全球性”在这里得到最为完美的呈现。

3. 博物学是关于默会知识的学问。波兰尼在《个体知识》中提出人类具有一种只可意会而不可言传的身体知识。这些知识通过人类诸感官眼、耳、鼻、舌、身、意累积沉淀下来，并在一定的情景中运用和呈现出来，因而称之为“默会知识”。默会知识强调人类日常生活的丰富的体验性，关注人与万物相遇、照面、交往的具体情景和个体的独特经验，关注这些知识积累与运用如何逐渐成为人认知的一种潜能和基质。这种知识的最高境界就是艺术与科学的天才的出现。中国古人说：书道至矣，“虽父子不能相传”。书法家王羲之王献之父子，画家米芾米友仁父子就是例证。个体性知识也不是不可以通约的，法国博物学家布封《博物志》、法布尔《昆虫记》用拟人、比喻等文学手法描绘自然世界的动物和植物，形象生动，多姿多彩，至今风靡全球，个体丰富的体验潜移默化为人类认知自然世界的集体知识和记忆，这不能不说是博物学在其传播史上一段永远说不尽的传奇。

默会知识或者是个体的知识还隐藏着一层未曾言明的意思，就是提倡和重视人生体验的亲历性和亲证性，讲究人生阅世的亲历亲为。杨万里名诗："小荷才露尖尖角，早有蜻蜓立上头。"宛如一幅清丽雅致的白描画卷，诚斋先生如果没有丰富而独特的人生感知和体验，是不可能写出这清新隽永的诗句的。每吟咏这首诗，我就自然会联想起童年那无忧无虑的日子：在阳光灿烂的夏天，在荷风送爽中，满世界追逐——五色斑斓的蝴蝶和蜻蜓。其情其景，其风其韵，其色其彩，其快其乐，非言语能够表述，其中妙处难于与君说！

二、我们时代的启蒙：生态启蒙

什么是启蒙？康德认为：启蒙就是从蒙昧无知的状态解放出来，运用自己的理性去分析和判断。伽达默尔在《科学时代的理性》一书中认为18世纪的启蒙主要还仅限于自然的科学化、理性化，表现为方法优先的异化。但是，随着20世纪50年代以来启蒙运动向人的生活领域的扩展，启蒙主要表现为人的生活实践的科学化、理性化和技术统治的异化。伽达默尔认为，我们必须对20世纪的启蒙乃至启蒙本身进行启蒙与反思：

对技术的信任与滥用，使技术合理化已达到了极限，导致了"生态危机"，若从技术化所带来的严重后果来看，则这一切同时也可以说"是我们文明危机的标志"，亦即我们人类还不够真正成熟的标志。如若我们继续遵循这样的道路，技术的过度发展，那么"在可预见到的未来，这会导致地球生命的毁灭"。

科学本身也告诉我们："我们生活于其中的世界所具备的可能性是有界限的。如果世界按现状继续发展，这个世界就会完蛋。"必须建构新的启蒙，伽达默尔认为，我们别无出路而只有进行新的启蒙才能把我们人类从这种不成熟状态中解放出来，摆脱“灭顶之灾”。

德国社会学家乌尔利希·贝克说：“在人类已经进入核技术时代、基因技术时代或化学技术时代的今天，所有的风险和危机都不仅仅有一个自然爆发的过程，而且还有一个在极大范围内造成惶恐和震颤从而使早已具体存在的混乱无序之状态日益显现的社会爆发的过程。”针对这种焦头烂额的处境，贝克还是充满信心地提出必须对18世纪以来的第一次启蒙进行批判，倡导第二次启蒙，即生态启蒙。生态启蒙包含以下内蕴。

1. 我们所处的世界是风险世界，这个世界迫使我们去认识和理解并继而驾驭风险、危险和灾难，风险文明是我们不得不做出的选择。风险文明开启了一个学习过程：“环境是一个全球性问题”，由此衍生的全球治理浮出海平面，逐渐成为共识。

2. 生态启蒙尊重不同地区和区域的生态多样性和在此基础上建构的生态文化和传统，提倡在多样性中生活。

3. 生态启蒙对奉为圭臬的科学与技术的神话进行批判的反思，把握和厘定科学与技术的使用范围和界限。

生态启蒙希望人们从新的独断论和狭隘的人类中心主义中走出来，它要破碎以下梦幻。

1. 破碎“自然界是无限的”的梦幻。自然界是有限的，自然界所蕴藏的资源是有限的，土地、森林、植被、水资源、海洋是有限的，石油、天然气、煤炭这些和人类生存攸关的资源也是有限的。无论是已探明的资源，还是未曾探明的资源，相对于地球近70亿人的持续的索取，自然界是捉襟见肘的。

2. 破碎“科学是万能的”的神话。贝克说：“失败是成功之母，错误孕育了科学。从一定意义上说，科学是一位‘错误女神’”。切尔诺贝利的核事故表明，科学技术和技术经济的飞速发展也的确是一把双刃剑，其积极作用是极大地造福整个人类社会，让人们尽情地享受现代文明的种种优越生活，其负面影响是终究有一天可能会由此而毁灭整个人类社会。

3. 破碎“专家是万能的”的神话。我们生活在一个问题丛生、身心疲惫的时代，我们需要帮助，我们需要咨询，于是有形形色色的专家在各种媒体上，频频亮相，解疑释惑。有些专家“头痛医头，脚痛医脚”的思维模式成为大众的行为指南。面对生态风险、生态危机和生态灾难，人们往往在专家的“指导”下限于问题的枝枝节节，不去整体思考和反思这些问题的由来和未来发展的趋势，因而对于问题的解决很难提出总体的、根本的方案。

三、博物学与生态启蒙

我认为博物学与生态启蒙有很好的对接点和融合处，它们的有机结合和互通可以深化和拓展生态文明的实践经验和丰富的内涵。

1. 博物学研究非常关注已经灭绝的物种和正在灭绝的物种。从17世纪到20世纪末的300多年里，地球上已有300多种美丽的动物永远地离我们而去了。据世界自然保护联盟（IUCN）《濒危动物红色名录》统计，20世纪有110个种和亚种的哺乳动物以及139个种和亚种的鸟类已经在地球上消失。目前，世界上已有500多种鸟、400多种兽、200多种两栖爬行动物和20000多种高等植物濒于灭绝。19世纪英国博物学家罗斯柴尔德对于人类引发物种灭绝的行为痛心疾首，花了毕生精力编撰一部书籍以志追念这些美丽的精灵，即《绝迹的鸟》，他在前言中这样写道：“人类破坏并继续破坏着物种，或为食用或为狩猎娱乐。而人类对其生存家园的破坏也摧毁了它们生存的根本。人们乱砍滥伐，剥夺鸟类的空间，使得其挨饿受病……令人心痛的是，人类的足迹所至，的的确确对物种多样性造成太多伤害。”美国博物学家奥杜邦是个出色的猎手，为了绘制鸟类图片，射杀大量野鸟并制作标本，人们对此多有责难。奥杜邦晚年撰文对曾经射杀鸟类的行为深度忏悔，并积极投入保护鸟类的行动。古尔德在《澳大利亚哺乳动物》中对袋狼进行了详细的描述和细致入微的描画，在袋狼灭绝的今天，不啻为一曲令人惋惜惆怅的挽歌。

2. 博物学研究非常关注生物的丰富形态。英国博物学家威尔逊在《中国——世界园林之母》一书中，称中国为世界“园林之母”和“花卉王国”，他多次前往远东地区采集植物，特别是在1899—1911年期间，曾四次来到中国，带走了18000个植物标本，记述了5000多种不同的植物种类，其中1000多种为世人所罕见，为欧美国家引种了上千种园林花卉植物，因此他也被称为“中国威尔逊”。他非常叹服中国华西地区丰富的植物种类，充分肯定了中国对世界园林作出的不可替代的贡献。伦敦自然博物馆、纽约自然博物馆收藏博物学绘画就有几百万张之巨，这些画作展现地球生物丰富的多样性，它们构成了生态启蒙的知识语境和知识谱系，成为人类文化的宝贵遗产。

3. 博物学研究非常关注摆正人与万物的关系，万物不是因人而活着，人没有权利支配和屠杀生灵。人的过分猎杀，使动物的生存权和人的生存权之间尖锐的矛盾和对立呈现出来了。进化论创始人之一、英国博物学家华莱士说:“对于博物学家，当之前只通过描述、绘画或保存不良的标本才知道的东西呈现在眼前的时候，那种兴奋只有诗人的笔触才能充分地表达……让人伤感的是，一方面，这些精致优美的生物只能在这些毫不宜人的荒野才能生存和展示它们的魅力……而另一方面，文明人是否应该抵达这些遥远的地方……我们能够确定的是，通过这种方式，人会扰乱自然中生物界和非生物界之间的平衡，导致那些人类最能欣赏其中构造和美丽的事物渐渐消失，直至完全灭绝。 这样的思考明确地告诉我们所有的生物都不是为了人类创造的。”（引自《伟大的博物学家》，商务印书馆）我们要大声疾呼：所有生物都有存活的权利，所有的生物都不是为了人类创造的，它们有自己存在的价值和尊严。

北京大学出版社欣闻我在关注收集西方博物学名作和绘画，力邀我进行整理分类，并组织有关专家进行系统翻译。这套丛书以名著名图为采撷目标，力争图文并茂地展示西方博物学三百年来的辉煌成就，力争使坊间的博物学出版物能实现普及与提高的有效结合——实现科学与艺术、自然与人文的完美融合，使读者诸君能在审美的愉悦中感受自然的魅力，从而能“诗意地栖居”在大地之上。

2015.12

于北京

导　读

Introduction

薛晓源　胡运彪

华羽的天堂鸟，是否在幸福云游？

飞着，飞着，春，夏，秋，冬，

昼，夜，没有休止，

华羽的乐园鸟，

这是幸福的云游呢，

还是永恒的苦役？

渴的时候也饮露，

饥的时候也饮露，

华羽的乐园鸟，

这是神仙的佳肴呢，

还是为了对于天的乡思？

是从乐园里来的呢，

还是到乐园里去的？

华羽的乐园鸟，

在茫茫的青空中，

也觉得你的路途寂寞吗？

假使你是从乐园里来的

可以对我们说吗，

华羽的乐园鸟，

自从亚当、夏娃被逐后，

那天上的花园已荒芜到怎样了？

——戴望舒《乐园鸟》

上面的诗作，是中国现代诗人戴望舒对天堂鸟诗意的描述，文字凄美，意境迷离，一股忧虑和悲切的情绪扑面而至，让人流连，让人感伤。关于天堂鸟，检索中文的文献，尚未发现比戴望舒更早的描述和咏叹，这可能是对天堂鸟最早的中文吟咏了，虽然有人试图证明早在明朝就有人在海外贸易中发现天堂鸟华丽的皮毛，但是尚未得到学术界的普遍认可。这首诗作可能是戴望舒在留法期间看到天堂鸟的标本和图片，诗人在孤独和迷离中，对美好的事物和远隔万里之遥的爱情吟咏和呼唤，迷离的意境中散发着美丽和忧愁，哀感顽艳，感人至深。在诗作《乐园鸟》中诗人戴望舒对“乐园鸟”发出反复的呼唤与询问，四节诗中发出“五问”。一问你的飞翔“是幸福的云游，还是永恒

的苦役？”二问乐园鸟无论饥、渴都不放弃“饮露”：“这是神仙的佳肴呢，还是为了对于天的乡思？”三问“是从乐园里来的呢，还是到乐园里去？”四问“华羽的乐园鸟，在茫茫的青空中，也觉得你的路途寂寞吗？”五问“自从亚当、夏娃被逐后，那天上的花园已荒芜到怎样了？”

如果我们越过诗人戴望舒的诗意描述，去追问天堂鸟的博物学的认识历程，或许我们能还原诗作的具体场景，能尝试回答诗人的疑惑和无休止的发问。天堂鸟从哪里来？到哪里去？华羽天堂鸟的飞翔是幸福的云游，还是永恒的苦役？本书将尝试描述博物学家对天堂鸟的认识、理解、描述、分类和命名。 在博物学对天堂鸟的发生学描述中，法国博物学家弗朗索瓦·勒瓦扬，英国博物学家约翰·古尔德、阿尔弗雷德·华莱士和美国博物学家艾略特的研究最为显著，且影响深远，天堂鸟以及画作就和他们的名字紧密联系在一起了。他们对天堂鸟的文字描述研究和相关画作，可以回应诗人和国人对天堂鸟的好奇和惊讶!

天堂鸟，英文名为bird of paradise，中文名也叫作极乐鸟。天堂鸟是极乐鸟科（学名：Paradisaeidae）鸟类的统称，根据最新的分类系统一共有41种。大部分种类的雄鸟色彩缤纷，具有纷繁华丽的饰羽，雄鸟一般大于雌鸟。华莱士经过考证认为： 天堂鸟，“马来人叫它‘上帝之鸟’，葡萄牙人发现其无翅无脚，唤其‘太阳鸟’，而博学的荷兰人给了它一个高雅的拉丁语名字‘天堂鸟’。”1522年，跟随麦哲伦进行环球航行的胡安·塞巴斯蒂安·埃尔卡诺从东南亚的贸易口岸获得了几只天堂鸟的标本并带回欧洲。由于其华丽奇特，见多识广的旅行者们也不禁为其啧啧称奇。由于土著人独特的制作方式，导致这些天堂鸟标本的腿已经被去掉，不明真相的欧洲博物学家惊讶于此鸟的美丽，又误认为此鸟生来无腿，终生不落地。双名法的奠基人林奈将大极乐鸟的种名定为apoda，意思为无足之鸟。直到1824年，博物学家里内·莱森在新几内亚岛的热带森林中亲手采集到“来自天堂里的鸟”的标本，这时人们才知道这种鸟是新几内亚岛的热带森林中一种很常见的鸟。不过，由于欧洲人自

16世纪以来一直把这种鸟称作birds of paradise（意思是“天堂里的鸟”），因此这个名字一直沿用至今。为了简明起见，中国鸟类学家把这种鸟叫作极乐鸟，因为人们认为天堂是极乐世界。本书中采用了“极乐鸟”这一译名，但统称时仍称作“天堂鸟”。

本书从弗朗索瓦·勒瓦扬（1753—1824）、约翰·古尔德（1804—1881）和阿尔弗雷德·华莱士（1823—1913）三位历史上著名的博物学家的著作里选取了他们当时绘制和描述的天堂鸟。这三人从年龄上来说正好属于三代人，从三人的作品中所收录的天堂鸟的种类和绘画的细节上，我们能看出博物学发展的轨迹。勒瓦扬是法国人，出生于荷属圭亚那，并在那里度过了少年时光，喜欢上了探险。青年时期的勒瓦扬返回了欧洲，开始学习鸟类学并致力于标本收集工作。相比于勒瓦扬的巨著《非洲鸟类博物志》，其所著的《天堂鸟博物志》名气要稍低了一些，但也是当时关于天堂鸟资料最全的一本著作，丹尼尔·艾略特在出版自己的《寻访天堂鸟》一书中对《天堂鸟博物志》作出了高度的评价，说其是“到那个时期为止有关天堂鸟的出版物中最精致的一版，且有了详细描述”。

勒瓦扬没有去过极乐鸟的分布区进行过探险考察，在他的《天堂鸟博物志》一书中，所有的图片都是依据剥制标本绘制，有些鸟类的效果难免受到他所观察的标本所限，其中影响最大的就是十二线极乐鸟。在勒瓦扬的书中，十二线极乐鸟被其描述为云雾鸟，因

Pl. 99.
de grandeur nat
La Samalie rouge, Paradisea rubra.
Oudart del.
Litho de C. Motte.

其白色丝状饰羽给人以云雾缭绕的感觉。但是，由于他当时绘制所依据的标本并没有全部12根饰羽，只有9根，所以在书中他曾尝试给这个标本命名为九线风鸟。不过，勒瓦扬在文字描述中对于饰羽的数量进行了考据和论证，充分体现了一个博物学家的博学和谨慎。

相比于勒瓦扬，古尔德的年龄小了51岁，基本上属于两代人的跨度。从成就上而言，古尔德的成就要比勒瓦扬大许多，在其一生中古尔德参与绘制了3000多种鸟类，出版了《亚洲鸟类》《澳洲鸟类》《澳洲鸟类补遗》《大不列颠鸟类》《欧洲鸟类》《新几内亚岛及邻近岛屿的鸟类》《美洲鹑类志》《阔嘴鸟》和《蜂鸟》等鸟类学作品。其中，对澳洲鸟类的研究工作让其获得了“澳洲鸟类学之父”的美誉。英国的格拉斯哥大学曾将古尔德誉为奥杜邦之后最伟大的鸟类学家，从其对鸟类学研究的贡献来说，这一说法并不为过。他一生命名了许多种鸟，为了纪念古尔德，后来的学者还以他的名字命名过七种鸟类。查尔斯·达尔文也得到了古尔德的很多帮助，古尔德对达尔文在加拉帕戈斯群岛上带回来的鸟类标本进行了梳理和研究，并给那些鸟类起了名字，这些工作对于后来达尔文出版的经典著作——《物种起源》一书有着极大的帮助。

在古尔德的作品中，并没有专门的一本来描写天堂鸟，所以我们从其著作《澳洲鸟类》和《新几内亚岛及邻近岛屿的鸟类》中把天堂鸟的部分挑选了出来，呈现给大家。不同于勒瓦扬，古尔德曾在澳洲进行过标本采集和探险等活动，也曾在野外观察过一些活着的天堂鸟，所以在古尔德的绘画中往往会有天堂鸟的生境展示，而勒瓦扬的绘画中只是展示了鸟的姿态。尽管古尔德只在野外见过一两种天堂鸟，但他根据别人的描述便绘制出了生境效果，实属不易，体现出了其作为一位鸟类学家的实力。古尔德有着自己的标本制作公司，所以有机会接触大量的鸟类标本，这一点在其画作中也有着明显的体现。勒瓦扬的作品中基本上每幅画只有一只鸟类，而在古尔德的作品中一幅图中往往同时包括了雌雄或者几只雄鸟，读者可以从一幅图中清晰地看出雌雄个体之间的差异，这也从侧面佐证了他的收藏和涉猎标本之丰富。

而比起前两位来，阿尔弗雷德·华莱士的名气要更大一些，也更为公众所知。华莱士也是英国人，集博物学家、探险家、地理学家、人类学家与生物学家等称号于一身，足见其成就之大。华莱士最为人所知的成就就是和达尔文同时独立地提出了“自然选择”这一理论，1858年7月1日晚上，华莱士的论文《论变种不确定地偏离原先类型的倾向》和达尔文的作品都在伦敦林奈学会上进行了宣读，他们两人的论文里不约而同地体现了自然选择的思想。华莱士最为大众熟知的著作当属《马来群岛考察记》，他的自然选择理论便来自于在马来群岛的探险。华莱士提出了著名的“华莱士线”，将马来群岛的动物分成了两个区系，线以西是亚洲区的动物类型，线以东是澳大利亚区的动物类型，虽然后来经过了许多学者的修正，这一条线到今天仍然大部分有效。

本书第三部分的天堂鸟便来自于《马来群岛考察记》一书，相比勒瓦扬和古尔德，华莱士亲身前往这些地区采集并观察过几种天堂鸟，他对天堂鸟的了解要远比前两位深入和细致，这也体现在他的绘画和文字描述中。在华莱士的绘画中，往往都带着生境信息，而且鸟类并不只是静态的展示，往往两只或者多只一起，个体之间有一些行为上的互动，例如求偶炫耀和同性之间的竞争等。作为一个生物学家，华莱士体现出了自己的专业，在书中他一共收录了18种天堂鸟，但是对于其中的辉亭鸟，他并不确定到底是否该将其列为天堂鸟这一类，事实证明他的这种疑惑是对的，后来的鸟类学家证实辉亭鸟确实不属于天堂鸟，而是园丁鸟的一种。那些珍稀的天堂鸟常在险远之地，华莱士先后在马来群岛徘徊逗留十余年，一个重要目的，就是寻找和捕捉天堂鸟，在《马来群岛考察记》中华莱士讲述了他历尽艰辛发现天堂鸟的故事，很令人感动。天堂鸟的栖息地，不但是路途遥远，而且经常在野兽出没的丛林之中，当地土著人把天堂鸟看作是神鸟，千方百计阻拦捕猎计划，常常令华莱士无功而返。华莱士在病中恍然大悟，花钱雇佣土著人前去捕猎，结果大有斩获，获得大量天堂鸟的标本。他还雇人捉到了两只活的天堂鸟，并费尽心思把它们带回英国，在动物园进行展览，结果万人空巷，引起极大的轰动，天堂鸟靓丽的身姿和璀璨的色彩让人称奇不已。

如何欣赏这些美丽的天堂鸟，也引起不小的纷争和热议。不是所有天堂鸟都有靓丽的身姿和璀璨的色彩，只有一部分雄性的天堂鸟才拥有上天所恩赐的美丽和魅力。总结前人的审美描述和经验，要取得愉悦的美感，要从静态和动态两个维度去欣赏天堂鸟之美。从静态上观察，是符合认知发生学的规律，欧洲人最早发现和得到的是天堂鸟的标本，在华莱士之前，人们基本没有看到活的天堂鸟。对于天堂鸟的美丽，人们主要的关注点有三个。一是雄性天堂鸟身形奇异，有些雄性天堂鸟头上和颈上长出奇异的羽毛，有两线，有六线，有十二线。有的羽翼直挺，翘首而立，神采奕奕；有的羽翼柔软弯曲，妩媚可爱，优雅动人，让人感到匪夷所思。二是奇特的羽毛，有些雄性天堂鸟的羽毛颀长丰美，造型多姿，形状奇特，有的天堂鸟羽毛有60—70厘米长，让人感到不可思议。三是羽毛色彩璀璨，五颜六色，交相辉映，仿佛是天边的云锦，又像是雨后七彩缤纷的彩虹，让人目不暇接，只有啧啧惊叹。华莱士饱满激情地写道：“天堂鸟，它们生活在深山老林里，全身五彩斑斓的羽毛，硕大艳丽的尾羽，腾空飞起，有如满天彩霞，流光溢彩，祥和吉利。”当地居民深信，这种鸟是天国里的神鸟，它们食花蜜饮天露，造物主赋予它们最美妙的形体，赐予它们最妍丽的华服，为人间带来幸福和祥瑞。

Le Sifilet à gorge dorée, Parotia sexsetacea

P. Oudart del. Lithe de C. Motte

OISEAUX.
Pl. 32
2
Couché fils dir.
1. L'Oiseau de Paradis _ 2. Le Magnifique.

从动态上观察，天堂鸟之美一是羽翼丰满多姿，雄性天堂鸟向雌性求爱，在大地上、在树枝上、在天空中，来回摆动游弋，羽翼纵横展合，千姿百态；婀娜多姿，千种风姿，万般风情，在异域之地尽情展现，看过雄性天堂鸟表演的人说过：此物只应天上有，人间哪得几回见？二是五光十色的羽毛，在阳光照射之下，在旋转流动之中，闪出靓丽的金属般的光泽。柔软光滑的羽毛竟然能具有质感炫目的金属般的色彩，柔性与刚性的完美结合在天堂鸟的羽翼中得到无与伦比的呈现。这让目睹此情此景的华莱士和艾略特惊诧不已，忘记身处险境。华莱士衷心赞美道："金属丝般的羽毛装点其身体，有些从头部、背部或肩部伸展出来，绚烂无与伦比。"

从博物绘画的美学效应来审视这三位博物学家的作品和相关画作，也可以看出博物学对天堂鸟认识、理解、描述和表现的知识和审美细化和深化的过程。勒瓦扬的作品和相关画作，是建立在对天堂鸟标本的认识和识别上，通过美好的想象去还原天堂鸟的美丽的颜色和奇特的倩影，刻画笔触比较细腻，但是造型略显板滞，况且构图有点单调，每幅画作描绘的都是单一的雄性或者雌性的天堂鸟，画面背景知识阙如。古尔德和他的团队绘制的天堂鸟，是在实地考察和见识大量标本基础上，进行了诗意的描绘，形象生动，色彩鲜艳，雌雄鸟类交织荟萃，美丽的羽毛与奇特异国风情交相呼应。他们细致地绘制出天堂鸟的生活场景：瑰丽的植物，奇异的花草，一抹彩云，一片蓝天，建构天堂鸟丰富多彩的生活世界。看了他们绘制的天堂鸟图片，宛然置身于阆苑仙境、天堂圣域。华莱士著作的配图，是以木刻黑白图片的形式构成的，构图丰富多彩，刀法苍劲有力，天堂鸟的造型奇特而富有很强的表现力，质感很强，线条饱满，给人以深刻的印象。比较遗憾的是，黑白木刻图片无法表现出天堂鸟的璀璨色彩。可见，勒瓦扬的作品以逼真见长，古尔德的作品以生动瑰丽见长，华莱士著作的配图以丰沛线条见长。

欣赏与观看天堂鸟，对于我们今天仍有很多的启示。其一，庄子在《知北游》中所说："天地有大美而不言，四时有明法而不议，万物有成理而不

说。”天堂鸟的美丽，验证庄子所说的话，让我们心悦诚服地感受造化之神奇，学会理解和欣赏自然万物之美。其二，天下奇异之万物常在险远之地，非有毅力与胆识奇异之人不能一睹其风姿。天堂鸟身处当时远离文明世界的澳大利亚和新几内亚，其发现和描绘历经艰难困苦，非直接体验者不能想象其承受的痛苦与快乐。其三，对待美好的稀缺之物，远观而不近玩，欣赏而不占有。西方王侯将相、达官贵妇头上天堂鸟的羽毛争相斗艳之时，正是天堂鸟日渐稀少之日，即使今天我们在天堂鸟的故乡新几内亚，也很难一睹天堂鸟的芳容，而某些地方的天堂鸟已经绝迹或者正濒临灭绝之境。看到天堂鸟的标本，敬畏自然的信念，相信会在每个热爱大自然的人的心里油然而生。

天堂鸟的雄鸟大多色彩绚丽或者有着让人惊叹的饰羽，但并不是所有的天堂鸟都如大极乐鸟、小极乐鸟以及王极乐鸟那般让人惊叹。除天堂鸟外，鸟类中不乏让人惊艳的种类，如红腹锦鸡、孔雀、鸳鸯等，大自然慷慨地馈赠给这些鸟类以绚丽多彩的羽毛，让这个世界充满色彩。我们人类能够有幸通过这些美丽的鸟来欣赏和领略自然之美，这何尝不是一种幸福。在科技日新月异，生活越来越现代化且节奏越来越快的今天，我们似乎没有了去欣赏自然之美的时间和心情。我们希望借助此书能让大家从中认识天堂鸟的美丽，更希望大家能够重拾对自然的兴趣，去发现身边的自然之美。

第一部分

勒瓦扬的天堂鸟

选自《天堂鸟、佛法僧及澳洲鸦科鸟类揽胜》《澳洲鸟类》

〔法〕弗朗索瓦·勒瓦扬 著

连贯怡 译

Lizars sc

弗朗索瓦·勒瓦扬

弗朗索瓦·勒瓦扬（François Levaillant，1753—1824），法国历史上著名的探险家、收藏家、鸟类学家。其父母双方的祖辈均生活在法国东部的洛林地区首府梅斯，家族中产生过许多著名的法学家和朝廷命官。他的外祖母曾被召入巴黎王宫中，充当日后成为路易十六的小王子的奶妈。因为这层关系，弗朗索瓦·勒瓦扬的母亲和国王也成了乳兄妹。在旧时代，与国王沾亲带故可是件值得炫耀的事，不过他的家庭好像并未获取多大的好处，弗朗索瓦·勒瓦扬本人更是在日后的法国大革命中经受了重大的人生变故，此是后话。他的父母年轻时为了爱情，私奔到荷属圭亚那（今苏里南）的首都帕拉马里博，从商的父亲后来担任了法国驻苏里南的领事。这段童年的经历和见闻为弗朗索瓦·勒瓦扬终其一生奉献鸟类收藏和研究事业埋下了伏笔。

1753年8月6日，弗朗索瓦·勒瓦扬出生于荷属圭亚那（今苏里南）的帕拉马里博，少年时代经常陪着父亲在外旅行，这使他很小就喜欢上了探险，对那里的大自然、动物，特别是鸟类情有独钟。10岁时，弗朗索瓦·勒瓦扬随父亲返回欧洲，先到德国，后又回到阿尔萨斯生活。在这里，他遇到了当时最有名的鸟类标本收藏家让-巴蒂斯特·贝戈尔（Jean-Baptiste Bécoeur），学习了鸟类标本制作和收藏技术。

从1777年开始，弗朗索瓦·勒瓦扬花了三年时间专门到巴黎学习鸟类学。他常在巴黎的自然博物馆流连忘返，那里丰富的馆藏特别是美丽的鸟类标本使

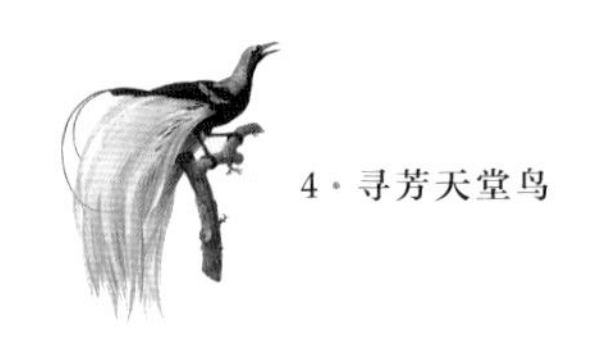

他越来越怀念曾和大自然亲密无间的童年。1780年，他到荷兰拜会了东印度公司的财务官雅各布·特明克（J. Temminck），次年，后者就派他到南非好望角考察。弗朗索瓦·勒瓦扬在非洲内陆作了多次旅行，并收集到两千多种鸟类标本和一只长颈鹿标本，1784年把它们全部运回法国。

巴黎自然博物馆原本希望将弗朗索瓦·勒瓦扬的收藏连同其工作室一并收购，那里有他呕心沥血几十年工作积累的经验和所有的财富。但是法国大革命使这一切努力和心血都化为乌有，他的藏品最终流向国外，后有相当部分被莱登自然博物馆收藏。

1789年的法国大革命给法国社会带来了翻天覆地的变化，弗朗索瓦·勒瓦扬和许多人一样，也经历了重大的人生转折。他的身世更让他身陷囹圄，直到1794年罗伯斯庇尔下台，他才重获自由。此后弗朗索瓦·勒瓦扬避居法国东部马恩省小镇拉努镇。他深居简出，但终于又回归大自然里，重新以收集鸟类标本、作画为乐。1824年他在拉努镇去世，终年71岁。其故居的一部分成了如今的拉努镇政府。

弗朗索瓦·勒瓦扬一生著述颇丰，其中1790年出版的《非洲内陆旅行纪实》给他带来极大的声誉，并很快被译为多国文字。1790年他又出版了《重返非洲内陆旅行纪实》（三卷）。1796年《非洲鸟类博物志》（六卷）问世（由雅克·巴拉邦插图），这部著作同时以三种文字出版，图例丰富、装帧精美，一时可谓洛阳纸贵！弗朗索瓦·勒瓦扬后来又陆续出版了《美洲大陆和印第安地区部分新的珍贵鸟类》（1801，只出了1卷）、《天堂鸟博物志》（1801—1806）、《鹦鹉博物志》（两卷，1801—1805）、《伞鸟属博物志》（1804）和《犀鸟博物志》（1804）。

《天堂鸟博物志》引言

对这些通常被称作天堂鸟的美丽飞禽，无论是其斑斓的色彩，抑或有别于其他所有或大部分鸟类的羽饰，大自然可谓倾其所有馈赠。此书的目的，不是驳斥鸟类学家最初关于这个物种近乎童话的描述，而是纠正近代人的诸多偏差。这些人不辞辛劳地试图告别古代的幻想，然而其中之荒谬和难以理喻完全不值一驳，最好的办法是将其置之脑后，或是干脆归入寓言故事。

另外，我们还要确保好奇的读者意识到，一些人的轻信到了何种程度，他们有意无意地相信了爱克斯达（Acosta）的《东西印度自然和伦理史》、阿勒多旺德（Aldrovende）的《鸟类》，以及许多其他相关的著作，如沃尔姆博物馆（Museum Wormianum）展示的《南半球的飞禽》、奥尔顿·赫尔比吉尤斯（Olton Helbigius）的《科学收藏》等等关于这些鸟类的描述。较为便捷的，是布封（Buffon）在关于天堂鸟的章节中列举和驳斥了以上作者虚构的、荒谬可笑的描

写，如从错误的假设得出天堂鸟生来无腿，等等。而事实上，要得出正确的结论，仅需举手之劳，拨开其肋下羽毛便能看到被土著截肢而残留的痕迹。

另一方面，尽管近代的鸟类学家承认天堂鸟有腿（那也是在亲眼所见之后，因为他们得到保留这些部位的标本已有相当长时间了），并没有妨碍其又陷入同样不可原宥的误区。譬如，近代鸟类学家根据天堂鸟被肢解的标本，认为其头小，眼睛小得看不见，眼的位置几乎到喙部；又如其脚的大小与身体不成比例；还如头和颈长着直立的羽毛，有着天然的鹅绒般柔软的手感，如此等等。这些误解源于他们得到的样本未经正确加工处理，而今天我们手里完好的样本早已无此缺憾。上述问题我们还需向博物学家们郑重说明。

毫无疑问，早在欧洲人见到天堂鸟以前，居住在这些鸟类栖息地的民族早已习惯制作天堂鸟标本：或用作仪式上展示的猎物，或作为高人一等的装饰，因为那些漂亮的羽毛使他们显得比别人干净利落。而正因为只是把天堂鸟用于装饰，土著人自然会去掉不那么美观的部位，或因妨碍展示长长的羽毛，或因遮挡了光鲜的颜色而成为累赘，所以人们剪除了翅膀，特别是整个足部，因为它们完全不能用于翎饰。然而就是这个简单而入情入理的做法，却造成最初的误解，并由此衍生出早期有关天堂鸟的种种传说，使人们误以为它们生来无腿，不间歇地在天空翱翔，靠吮食天上的露水维持生命，如此等等，不一而足。

还有，土著人在肢解这些鸟类时，习惯于将天堂鸟的头骨去除，将鸟身绑在芦竹上烘干，或在炉膛边，或在炽热的沙粒中。这样的强制硬化处理必然导致标本变形，使头部体积严重萎缩而且失去支撑。由于摘除了天堂鸟的眼睑，而使人觉得鸟的头部极小，眼睛好像长在喙部，几乎看不见。另外，羽毛也不可避免地紧挨着，置于因硬化处理而变小的身体上，导致羽毛直立，因而使人们想当然地认为它们有着天然的天鹅绒般柔软的外观，等等。其实，人们本无须亲眼目睹天堂鸟在自然状态下的样子，便能知道这是由于不合理的标本制作方法造成的。我不禁疑惑，那些罔顾强制硬化加工标本过程，而赋予天堂鸟种种离奇古怪的特性的所谓鸟类学家，在声称亲眼见过无腿天堂鸟、认为大自然如此造物的人面前，有无可能予以反驳?

标本制作的弊端衍生出众多谬误，甚至完全不同科的鸟类也被归入天堂鸟。动物分类学家把所有采用同样方法肢解的标本都纳入该类，以至于翠鸟、蜂虎、佛法僧、鹟，甚至雌鹦鹉，还有许多和天堂鸟没有任何关系的鸟类都在众多著作里被列于同一条目，这种现象仍在当今的出版物中继续存在。就这样，以讹传讹导致更加严重的谬误。由此看来，鸟类博物志远

未取得些微的进步，不唯原地踏步，更因为多了近代的错讹，使博物学家们继续在大量鸟类混乱的称呼上无所适从，即使偶有正确的描述，他们也不知把它们归入正确的科目。

布封本人也声称，土著人和印第安商人为了骗过我们，对所有鸟类进行肢解，以便把它们当作天堂鸟，换取更高昂的价格。但是，这样的断言是毫无依据的，因为这些民族根本无从知晓，比起其他有腿和翅膀的鸟类，我们会给肢解了这些部位的天堂鸟出更好的价钱。甚而，他们可能完全不知道我们给这种鸟起的名称，以及赋予该称呼迷信的色彩，这样的名称足以引发长久以来我们被灌输的各种天方夜谭。更为合理的解释是，这些岛民完全不知道有其他方法制作鸟标本，因为本来他们就是用来作为装饰的，所以不加分别地去除了鸟腿和翅膀，我想换了我们也会如此行事。至少，我们可以确信，最早进入天堂鸟栖息地的欧洲人已经发现当地人制作的标本正是如此。而一旦当地人得知我们更喜欢完整的鸟标本时，他们就留下了鸟的足部和翅膀，一如他们以后送来的标本。遗憾的是，因为仍然采用炉火和热沙烘干，以至于无法还原鸟类的原始形状。皮肤一经烤干，我们再也无法像处理从其他遥远的国度寄来的标本那样，用水润湿使其变软，然后再制成我们收藏的标本。我本人已尝试了各种方法，企图软化这些天堂鸟标本而未果。这也使我确信，正如阿勒多旺德描述的那样，当地人在肢解了天堂鸟之后，一定是在鸟身上使用了烙铁，然后再用炉火烘干。事实上，天堂鸟的皮肤已被烤熟，在给这些标本进行内部填充时，其皮肤极易断裂、且无任何弹性的现象足可证明这一点。

幸运的是，近年来在我们收到的大量标本中，有一些是经过良好保存和精心制作的，或许因为它们是由近年来进入这些地区的欧洲考察队成员亲手制作，或许是当地人为了卖出更好的价钱而改进了保存方法，制作时也更加精心。此外，在数位友人处看到并获得一些保存得非常好的标本后，我有幸能向公众作出准确的描述，提供更真实的插图，展示它们原来的状态，而完全不同于我们过去看到的不准确的描述和据此出版的错误百出的插图，也不同于我们在大多数工作室看到的插图，它们只是让读者欣赏了漂亮的颜色，与其说那些图片里画的是真实的天堂鸟，不如说是带羽毛的模特。此外，我们还收集到一批新的种类，以及一些我们已见过的种类中的雌鸟。尽管远非尽善尽美，但对博物学家来说，我们已可以满意地将它们撰写到著作当中。

对文中涉及的标本，我们尽可能地标注其所在工作室的名称。根据我们一贯的原则，我们只谈自己在自然状态下看到的种类，所以其真实性学者们可毋庸置疑。

大极乐鸟（雄鸟）

Paradisaea apoda

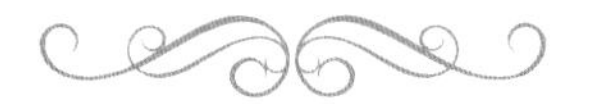

在本书的引言中，我们已经详细地解释了导致博物学家对天堂鸟的描述错误百出的原因，此处无须赘言。另外，我们的描述也完全可以纠正这些错误。

那些谈及大极乐鸟的作者说它的体积和乌鸫(dōng)相当，实际上它的个头差不多等于黑鸢(yuān)。头大，如图版2a所示，这些图是按原大表现的。根据实际而非近似的比例，人们可以看到鸟的其他部位，即翅膀、尾部、脚部不再不成比例，甚至滑稽可笑，就像过去我们从土著那里得到的标本那样。那些翼下的长羽毛在侧部舞动，伸展得很长，遮盖了尾部，使鸟身变得笨重，一定会妨碍它的飞翔，而在这里却完全是另一副模样。此外，这些羽毛还是最高贵优雅的装饰。

大极乐鸟眼睛的位置和大多数鸟类一样，与头部的比例适中，一点也不小，甚至可以说比较大。至于颜色，我们不得而知，旅行家中无人谈及，我想，这证明在他们之中，没有一人

Le grand Oiseau de Paradis, émeraude, mâle. N°. 1.

Barraband p.t De l'Imprimerie de Langlois. Paradisea

图版1

d
c
a
k
f
i
g
h
b
e
a. Tête de grandeur naturelle du grand Oiseau de Paradis Emeraude, mâle.
b. Le Pied. ibid.
c Un des filets de la queue. ibid.
d. Une des grandes Subalaires. ibid.
e. Une des moyennes Subalaires. ibid.
N.° 3.
f. Une des petites Subalaires. ibid.
g. Une des grandes plumes de la Gorge.
h. Une des grandes plumes du derrière du Co
i. Une des grandes Subalaires de l'Oiseau de Paradis rouge.
k. Une des moyennes Subalaires. ibid.

图版2

亲眼见过该品种的活鸟，尽管他们提供的细节证明是经过长时间的观察得到的。但是他们的自相矛盾又让我们对其自然习性毫无把握，而这些习性恰恰可以揭示这种鸟在自然界里的位置。

塔韦尼埃（Tavernier）说这些鸟吃的是肉豆蔻（kòu），它们很喜欢这种植物，他声称肉豆蔻会使它们醉了；而奥尔顿·赫尔比吉尤斯声称它们吃的是长在一种很大的树上的红色浆果；庞迪尤斯（Bontius）把它们说成食肉动物，说它们吃小鸟；而栗内（Linné）则断言它们以吃大蝴蝶为生。博物学家描述的大极乐鸟的食物是如此的不同，绝不会同时出现在同一种鸟类身上。我想在这方面，我们还得期待获得更多的信息，寄望有更多熟悉内情的旅行家在实地考察这些鸟类的习性之后，告诉我们观察的成果。

至于庞迪尤斯说它们飞行的姿势像燕子，我相信这又是一个错误。天堂鸟翅膀的形状，特别是我们所谈的种类，与燕子的翅膀构造完全不同，所以飞翔的方式自然也不会一样。我们只知道食蜂鸟飞起来和燕子一样，那是因为它们的翅膀形状完全相同。另外，我很怀疑这些鸟来自特尔纳特岛（Ternate）的说法。如果真用“特尔纳特燕子”来形容天堂鸟，那至少是很不适宜的，甚至可能就是因为这个称呼，使得庞迪尤斯误以

为天堂鸟飞起来像燕子。在看到如此多不实的、至少是存疑的报告之后，为了对天堂鸟不作任何轻率的断言，我们在此仅提供更准确的插图和更真实的描述，让人们认识它们天然的形状，这显然是极为重要的，因为这些形状和迄今为止人们想当然地强加在它们身上的是如此不同。

我们为这种鸟保留了大极乐鸟的称呼，之所以加上“大”这个修饰词，是为了区别于另一种与其有许多共同点、但体积却小得多的天堂鸟。

大极乐鸟从喙尖到尾部末端的长度为1法尺[①]，包含两根线状饰羽末梢的尾羽长度约为40法寸[②]。喙部略呈弧形，顶端呈尖状。下颚骨嵌入上颌骨，喙部主要部分和轮廓呈灰蓝色，顶端略黄。额骨上的羽毛从喙轮廓上部分开并垂至额部，分成两头至鼻孔处，并遮挡了大部分鼻孔，这像是多种天堂鸟、椋鸟的共同特征。另外，我觉得它们也和澳洲鸦科鸟一样，除了这个特点外，它们的爪部也基本相同，便于抓握，这使我确信天堂鸟是食虫的。正如我们在非洲的考察结果那样，它们像所有澳洲鸦科鸟一样抓住树枝。脚部壮实有力，比例适中。趾甲大而厚，后趾甲最大，中间趾甲内侧锋利的边沿尤其突

① 法尺，法国古长度单位，相当于325毫米。——译者注

② 法寸，法国古长度单位，等于1/12法尺，约合27.07毫米。——译者注

出。跗跖(fū zhí)被一个完整的鳞甲包裹，腿部的羽毛更多地垂落在跗跖前面，而非背面。拇趾根部很宽，可见一条从上到下的接合线，里面整个脚部是一层带花纹的皮肤。尽管沃尔米尤斯（Wormius）说它们只有三个关节，但是其脚趾关节和其他鸟类一样。它的趾甲都有很宽的鳞甲，鳞甲朝外部分在趾甲根部与中间的鳞甲连在一起（见图版2b）。

根据这只鸟的比例、头部的大小和颈部的长度，人们可以发现，颈部的羽毛并不是挤在一个很小的部位，羽毛更不是直立的，因此不会形成天鹅绒般柔软的手感。但其头顶部分的羽毛特别细小，羽毛的数量也许超过其他同等大小的鸟类。

一条翠绿色的带子环绕着它的额部，穿过眼睛和喙部，贯穿喉部，直到颈部中间部分才宽起来，最后环绕到腹部外侧。我观察到，在额部外端和喉部下方，这个翠绿色因为背光显得幽暗，这使得数位动物命名学家错误地认为其是黑色。而暴露在光线下的部分则熠熠发光，但也不是金色，尽管许多研究这种鸟的专家作此说。实际的情形是，在我们的工作室里，这个颜色很快就发生了变化。我们为防止虫咬而使用的盐和气味蒸发以后，会给它加上一层金黄色。

大极乐鸟的头顶和头部后侧、颈部后侧呈草黄色，但只有这些部位的羽毛层层叠加在一起时才呈现这种颜色，背面则为

褐色。喉部和额头同样也为褐色。请见图版2g和图版2h，它们展示的是这两个部位最长的羽毛。颈部下端和胸部的颜色为暗褐色，夹杂着丰富的淡紫色调，在暗处呈黑色。其他羽毛都为单一的栗褐色，腹部比背部色调浅一些。它的翅膀有20根长羽毛，上下覆羽皆为同一颜色。长翅膀，在不摆动时也长及尾部顶端，长度略长于5法寸，包含两根线状饰羽的羽毛数量为12根，成长期结束后长度约在28～32法寸之间。线状饰羽也为褐色，只有在雏鸟阶段靠近真正鸟尾的很小的部分带绒毛。超出鸟尾的部分则完全裸露，弯曲成圆形，形状类似大象尾巴的长毛。

在部分标本中，线状饰羽的尖部有一排羽枝，如图版2g所示。但我观察发现，这仅在成长期尚未结束或是处在换羽期的标本中出现，这是因为它们还未在天堂鸟反复穿行于树枝时的摩擦过程中脱落。西巴（Seba）以及很多因袭他的博物学家声称这一排羽枝是雄鸟独有的特征，这是错误的。我认为这是鸟龄年轻的标志。我观察了超过150个天堂鸟标本，只有7例在线状饰羽末端有羽枝。我由此得出结论，只有在换羽期和刚刚换羽的天堂鸟有这些羽枝。人们可以通过对我收藏的、现收入巴黎自然博物馆（Muséum d’histoire naturelle de Paris）的一个标本进行观察从而自己得出这个结论。此标本有一排羽枝，但线状饰羽和翼下饰羽尚未长全，基部还包裹着发育中的羽毛所具有的白色虹膜。我把羽枝和这种多纤维的绒羽进行了比较，人们在所有鸟类的新羽毛中都能发现它们，等到鸟完成生长便自然脱落了。

这种鸟最特殊之处，莫过于它们那些可张开羽枝的长羽毛。它们长在鸟的肋部，超过鸟尾并和鸟尾连在一起，从后面摆动，它们轻盈、透明，形成飞行的体态。博物学家称它们为翼下饰羽，因为它们生长在翅膀下方，数量达600支以上，形状、颜色、质地根据所处位置各异。最长的约在20～22法寸，带有茸毛状的羽枝，其本身也是小羽毛，这从它们的须状飞边可以看出来。颜色呈棕色，都带有一根长长的、多毛的线状饰羽（如图版2d所示）。覆盖着初级飞羽的次级飞羽，质地光滑，富有光泽，颜色是那种黄水仙般极漂亮的颜色（如图版2c）。最后面的飞羽质地相同，覆盖着次级飞羽，形狭窄，根部颜色也呈黄色，形成带耀眼的紫色的尖部，边沿部分色彩丰富，底色黄，按大小叠加在一起，最小的处于最上面（见图版2f）。这些翼下羽毛在腿与肋部之间，有2平方法寸大小。它们一片片叠在一起，位置靠前，所以皮肤下的羽毛管清晰可见，并穿过皮肤，连接在鸟的伸展肌肉上，使它可以自如地张开，就如同孔雀张开尾部漂亮的羽毛一般，一般人通常错误地

称之为尾巴。人们也常错误地称天堂鸟的翼下饰羽为鸟尾，而实际上天堂鸟确实有很美的尾羽。

在很多鸟类爱好者的工作室，我们见到了相当数量的天堂鸟标本，它们没有一丝的黄色翼下饰羽，而是白色的，这使得一些博物学家以为它们是雌鸟。但我们观察发现，工作室里的天堂鸟标本的黄色翼下饰羽在长期接触光线时会很快褪色。在我的私人收藏中，已经有好几个在短短的三四年里失去漂亮的黄色、慢慢变成白色的例子。许多有兴趣的观察者能证实这个问题。其实，这并不是个例，所有的天堂鸟标本的翼下饰羽都会逐渐失去颜色的光彩，但这只能说是由于意外，是非正常的，更不能说它是雌鸟。

我举例的标本来自在阿姆斯特丹的东印度公司的财务官雅各布·特明克（J. Temminck）的收藏。这个业余爱好者应该可以自豪地说，到目前为止，他是唯一拥有一只完好的该种类天堂鸟的人，因此他的收藏也完全有别于其他地方的收藏。这一点读者完全可从我们据实绘制的插图中得到令人信服的佐证。

大极乐鸟（雌鸟）

Paradisaea apoda

雌鸟与雄鸟有很大的不同，大自然没有赋予它们相同的特征。它们的外观更朴素无华，无翼下羽毛，只有翅膀、背部、尾巴的颜色相同，尾部也无引人注目的两支长线状饰羽。这两根长线状饰羽使雄鸟易于识别，但可能也常会在飞翔时碍事。雌鸟的头和颈部的背面呈略带浅黄的褐色，额头和喉部的褐色更加明显，而整个身体朝下的部分是很漂亮的白色。雄、雌鸟足部基本相同。这个标本属于我的个人收藏。

我曾在阿姆斯特丹的波尔斯（Boers）先生家见过一个年轻的雄鸟标本，它的羽毛和雌鸟一样。翼下饰羽刚刚开始从鸟身体朝下的白羽毛处长出，这些白羽毛本身又夹杂着褐色羽毛，喉部也开始长出绿色的羽毛。这使我确信，这个种类的雄性天堂鸟和其他所有鸟类一样，其颜色和特征是在一定的年龄后才会显现的。而当它们还年轻时，是和雌鸟一模一样的。其实在任何气候条件下的所有鸟类都是如此。

人们都说，大极乐鸟生活在新几内亚，其实它们通常生活

Femelle du grand Oiseau de paradis Emeraude. N°. 2.

Baraband pinx.^t De l'Imprimerie de Rousset. Pérée sculp.^t

图版3

在印第安人[1]生活的地区，那里盛产香料树，特别是在阿鲁岛（Isle d'Arou）。荷兰的商船运回了数量如此之多的标本，以至于我看到它们被成箱成箱地运抵阿姆斯特丹。现在它们在各地的自然博物馆都随处可见。雌鸟没雄鸟好看，游客因此多少会有些失望。因为不能指望卖出好价钱，所以雌鸟标本极少见。至少，到目前为止，正如我前面说的，我只见过三个雌鸟标本，它们被邮寄给特明克先生，承蒙他的好意，送了我一只。

从不同的来源获得标本的最大好处，就是知道在新几内亚人们称它们为"burong-arou"。它们成群结队地飞翔。印第安人捕猎它们为的是其漂亮的羽毛。他们用箭射杀它们，以至于人们对这些美丽的鸟知之甚少，无法丰富我们的知识。只有布封和爱德华（Edwards）的彩色插图中表现的天堂鸟还算是差强人意。拉丁语的博物学家给它们起了不同的名字，最主要的有："Avis paradisea""paradiasca""apos indica""parvus pavo""pavo indicus""avis dei""manucodiata""manucodiata longa"，甚至"hirondo ternatensis"。德国人则称之为"luft voagel"（天上的鸟），这来源于一个神奇的故事。葡萄牙人称这种鸟为"passaros de sol"。还有英国人称之为"bird of paradise"，荷兰人称之为"paradys voogel"，印第安人则称之为"boëres"。

① 此处"印第安人"非美洲大陆的印第安人，作者应该指的是印尼人。——审校者注

小极乐鸟（雄鸟）

Paradisaea minor

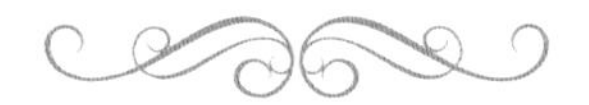

这种鸟可能是格吕修斯（Glusius）想告诉我们的两种天堂鸟中的一种：第一种大些，也更漂亮，生活在阿鲁岛，正如我们刚介绍过的；第二种则体态稍小，生活在最靠近济罗罗岛（Gilolo，印度尼西亚哈马黑拉岛旧称）的巴布亚地区，正是我们以下介绍的种类。这也与赫尔比吉尤斯的报告完全吻合，该报告曾补充说，新几内亚的天堂鸟和阿鲁岛天堂鸟的不同之处不仅在于它们的体型，还有它们的白、黄两种颜色的区别。但我们在别的作者那里都找不到关于小极乐鸟特别的描述，因为博物学家们总是把它和大极乐鸟混为一谈，尽管人们可以明显辨别出至少两种不同种类、甚至不同科的鸟（比较我们的两个插图便可得出这个结论）。此外，我们基本可以确认这两种鸟生活在不同的地区，因为从未有它们在一处栖息的迹象。

这两种鸟还是较为常见的，甚至许多工作室把它们陈列在

Le petit Oiseau de paradis Emeraude, mâle. N.° 4.

Barraband pinx.t — Paradisea papuana, Gray — Perée sculp.t

图版4

一起，大极乐鸟通常被当成雄鸟，而小极乐鸟则被看作雌鸟。这当然是错误的，因为背离了自然法则。自然法则周而复始的运行规律，绝不会出现如此大的偏差，而这个偏差更不会恰巧落在这种以华丽的羽毛著称的鸟类身上，让雌雄鸟共同享有雄鸟华贵的特征。事实上，如果我们花点时间来观察这些大自然精心装点的鸟类，都只能从雄鸟身上看到漂亮的羽毛。它们的色彩是如此奢华和丰富，显露出大自然的鬼斧神工：雄孔雀开屏，使自己与众不同；雄性红腹锦鸡凭头上披风般的金色丝羽让自己卓而不凡；中国的雄性鸳鸯以大而优雅的能动的羽冠和两支收在后背的羽毛雄视左右；爪哇岛的野公鸡则凭着翅膀上色彩斑斓、长长的翼羽傲立鸡群；我们的公鸡对自己的容颜自鸣得意，而非洲的寡妇鸟和雄鹟则尽情炫耀着长在尾部的长羽毛。我们自然不可能将所有的鸟类都在此一一罗列，但确实只有雄鸟拥有如此多装饰性的羽毛。我认为只有荷兰人给的称谓最为贴切："pronke-veren"，我只能将之直译为装饰或炫耀羽毛，或是更形象地意译为炫示羽毛，因为所有鸟类都会在某些时刻炫示一番，特别是当雌鸟在场时更是如此，而这正是其交欢的前奏。所以，第二种天堂鸟很明显是另一种类，或是同一种类在不同气候条件下的变异，而不能被当作第一种天堂鸟，或雌性大极乐鸟。特别是我们在第20页图版3中当作雌鸟介绍的标本，事实上本不是、或者说它起码不是年轻的雄鸟，因为我们确信它属于同一种鸟类。如果这是一只年轻的雄鸟，可以肯定雌鸟和它很相似。而如果这是一只雌鸟，也能肯定雄鸟年轻时和它有相同的羽毛。这种观点不仅受到自然界一般规律的支持，在我们的观察中也能证明，这种鸟也会脱落幼年的羽毛，长出成年的羽毛，正如前面的章节说明的那样。

此外，博物学家或者把小极乐鸟和大极乐鸟混为一谈，或者把它们当作不同气候条件下的变异。而我认为，还是需要将其区分开来，因为大自然赋予了它们不同的特性，如体型大小和羽毛的颜色。而这些特性又始终如一，我们检验了超过150种标本后得出的结果就是明证。

我们已从奥尔顿・赫尔比吉尤斯的报告中获知，这些鸟类并非生长于同一区域，人们从未发现它们在一起栖息，这更证明了它们实际上就是两种不同的鸟类，那就让我们通过描述来展现它们的差异吧。

小极乐鸟从喙尖到尾部末端长仅10法寸，它的体重也大约只有前一种的三分之一。也就是说，它的体型更接近八哥，人们可以把二者做个比较。这种比较的方法比起计量法更不易出错，也更简便可行，尽管一般认为计量法更精确，因为就像所有同一种鸟类的不同标本那样，它们从来没有完全

一致的体重。

小极乐鸟和大极乐鸟一样，在尾部中间也带有两支质地和外形相同的线状饰羽。但是，它们除了各自的比例不同外，我观察到小极乐鸟的羽毛一般较短，或者说只比同样装饰侧翼的肋下羽毛超出些许。我们完全可以用前文的描述来形容它们，从透明性、数量、不同的形状，到它们与皮肤连接的方式。大一点的羽毛，以及所有羽枝上的羽毛，是分开、透明的，最后是长长的线状饰羽，都呈现出漂亮的白色，而大极乐鸟的这些羽毛则是褐色的。小极乐鸟的次级飞羽是光滑的，显现出一种有光泽的黄色，尾羽的末端则是亮紫色。它的额头上的羽毛是翠绿的，然后通过喙部和眼部，延伸下去并覆盖了喉部和颈部正面。但这些颜色的羽毛不仅没有扩大而成为胸甲，反而从脖子的下方开始缩小，分成两股。这一部分羽毛同样呈现出丰富的翠绿色，而其绒羽则是带有淡紫的褐色。头部的上方和侧面以及颈部背面的羽毛是有光泽的稻黄色，羽毛下方色泽更亮。同样的黄色，稍带一点淡褐色，像是给小极乐鸟披上一件盔甲，从肩胛到后背，一直到臀部才又重新换上纯粹的栗褐色，这是鸟的尾部和尾羽上端的颜色。翅膀上的翼角是褐色中夹杂着丰富的黄色。大一点的肘节是完全的褐色，宽宽的小覆羽上是和后颈上同样的稻黄色。颈部正面下方、胸部、腹部和尾部的下方，一句话，就是整只鸟的朝下部分都是一致的、接近肉桂的浅褐。飞羽的褐色更暗些，与尾羽颜色接近。喙部、脚部和大极乐鸟的特征完全一致，这一部分的颜色也很相近。

这些描述已足以使读者辨别大极乐鸟和小极乐鸟了，仅凭比较我们绘制的插图便可以对这两种鸟的特征或属性了然于胸。

以上描述和绘制的标本来自本人的收藏。

小极乐鸟（雌鸟）[1]

Paradisaea minor

比较小极乐鸟的雄鸟和雌鸟，人们不仅能发现和大极乐鸟雄雌之间一样的区别，也很容易进一步看出，尽管两种雌鸟之间有许多共同点，差异也同样很多。就是两种雄鸟之间也有区别，甚至使人产生这样的印象，即大自然既让这两种极乐鸟之间有相似之处，又有意使人们不致将它们混淆，让其保留了各自的特性，而正是这些特性将它们在性别或年龄上区分开来。

我们已经看到大极乐鸟雄鸟的整个翼部、肩胛和背部的颜色是一致的栗褐色，而雌鸟也保留了同样的颜色，年轻的雄鸟的这一部分也是如此。我们同样观察到，通过整个覆羽的黄色可以将雄性小极乐鸟和大极乐鸟区别开来，它的背面一直到翼角都是一样的颜色。那么现在我们在这种小极乐鸟雄、雌

① 尽管图中标注为小极乐鸟的雌鸟，但正如文中勒瓦扬所怀疑的那样，图中所绘个体实际为小极乐鸟的雄性亚成体。——审校者注

Femelle du petit Oiseau de paradis Emeraude. N.° 5.

Barraband pinx.t   Paradisea papuana, Gray   Pérée sculp.t

图版5

之间找到同样的相似之处。我们这一节要观察的雌鸟，背上、肩胛、肘节，以及覆盖整个翅膀的覆羽边缘，同样保留了和雄鸟一样的稻黄色，并且雌鸟也和雄鸟一样，头部顶端、脖子的背面都是黄色，额头有一条绿色羽毛，穿过喙部和眼睛中间，覆盖喉部和脖子的前部，而鸟整个腹面的部分，即胸部、肋部、腹部、尾部朝下的一面和腿部的羽毛都是纯白色。它没有肋下羽毛，尾部也无线状饰羽，飞羽和尾羽是栗褐色，足部是带点红棕的褐色，喙部的下面呈浅蓝色，顶尖则为黄色。

尽管把这个标本当作雌鸟（来自我个人的藏品），我承认它也可能是一只年轻的雄鸟，因为我还有另一个和成熟的雄鸟有所区别的标本，其头部顶端、脖子的背面，还有额头和喉部都是棕色。它们二者有相同的特征——翅膀上面黄色的绒羽、黄色的背部，毫无疑问它们属于同一鸟类，但毛茸茸的羽毛确切无疑地把它归入幼年时期，还未脱尽最初的羽毛。

因此，我们还无从知道，这只小极乐鸟成年之后是否会有和雄鸟一样的绿色的额头和喉部，或是像年轻时期那样保留着褐色。

以上谈到的这只鸟，我们认为无须提供绘图，因为只需要把文字的描述和前面的两图作一比较，便可轻易地想到它的完整的模样。

最后，需要补充说明的是，我们收藏的雄性小极乐鸟的肋下羽毛上的黄颜色，如未采取措施使其避开强烈的日光，会很快地褪色。

红极乐鸟

Paradisaea rubra

红色确实是这种美丽而稀有的鸟类的肋下羽毛的主要颜色，这是一种富有光泽的红，上面绽放着丰富的紫红，深浅变化不一。我们姑且按拉塞佩德（Lacépede）先生在巴黎自然博物馆展品里的称呼，称它为红极乐鸟。我们看到的这件展品曾经属于奥朗日亲王收藏丰富的工作室，而亲王又受赠于摩鹿加群岛（les Moluques，马鲁古群岛旧称）岛民，却未准确说明其栖息地。尽管该标本在这个工作室展示已有十五年以上，我从非洲考察归来后也曾见过，但据我所知，没有任何博物学家提到过它，唯有多丁（Daudin）不久前曾在其浅显而完整的《鸟类研究》里有过简单的描述，他也用红极乐鸟这个名称，因此我们就沿用了。

除了装点侧翼的红色肋下羽毛，这种鸟还有其独有的特征。尽管有许多相似之处，但这些特征却足以把它和我们上文谈过的两种天堂鸟区分开来。这第三种天堂鸟的特征主要在于

L'Oiseau de Paradis rouge. N.º 6.
Paradisea rubra.
Barraband pinx.
De l'Imprimerie de Langlois.
Pérée sculp.

图版6

尾部的两支线状饰羽，以及在头部两边长出的两撮羽毛，类似雉鸟额头和鹮鹲脑后的那样。

红极乐鸟与另外两种天堂鸟的相似之处还在于其喙部颜色，额头和喉部羽毛的质地和颜色，以及颈部背面、尾部和身体朝下部分的颜色。我们不谈翅膀和脚部，因为能见到的唯一的标本，是由土著人肢解和完成制作的，这些部位也都被按惯例剪除了，但我们觉得还是必须在发表的绘图中补上。我们认为它应该与实际情形相差无几，因为根据这种鸟和其他两种天堂鸟的考察报告分析，它们的脚部构造应该很相像。至于翅膀以及尾部的颜色，也可推断基本接近。此外翅膀上最后的两到三支长翼羽还在原来的位置，有着和尾部一样的褐色，也证明了余下的也是大同小异。还有，我们认为，在正常情况下，红极乐鸟只比小极乐鸟的体型更小一点，尽管在我们看到的这个标本上，它只有另两个标本身量的一半。我想这是因为它也像其他被岛民烘干的标本一样，标本上的皮肤大大地萎缩、变短，已不能按其自然状态下的身量还原。额头和头部顶端的羽毛，以及面部、喉部和颈部正面的羽毛和另外两种鸟的这些部位是一样的翠绿色，但头部的羽毛更长些，以至于在眼睛的上方形成两束羽毛。还必须指出，这些部位的羽毛互相挨得那么紧，使得表面呈现一种自然的、天鹅绒般的柔软，就像人们以为是所有的天堂鸟都拥有的那样。也许，这两小撮长得像角一样的毛只是因为皮肤硬化处理后竖立起来的，人们很容易发现头颅没有保存下来，而像没长好的头部实在显得过小。头部和脖子背面的羽毛、胸部的上端、肩羽和整个翅膀的覆羽都是稻黄色，背部、臀部、尾部外表的上方呈棕黄色，而胸部下方则是像暗色山楂那样的褐色。身体朝下的部分、腿部表层和尾部的长羽毛则是比胸部颜色浅一些的褐色。

红极乐鸟的尾部长着10支长短接近的长羽毛，在它们的中间部位有两条裸露的线状饰羽，形成凹下去的沟，到臀部再汇合成一股，然后到尾部又分成两边，一直延伸并超出最长的肋下羽毛，总长达19法寸。这些线状饰羽都呈角质，黑中带光。肋下羽毛很多、大小不一，长在侧翼，从后面伸出，中间有些弯曲，最长的约1法尺。这些羽毛直到四分之三处都是紫红色，最后是白色，羽枝间距很大。其余的则完全是紫色，更小的羽毛带着真丝般的光泽。

除此之外，我们再无其他补充，因为缺乏关于这个美丽的红极乐鸟习性的信息，而这个为我平生仅见的标本已供本节写作之用。

王极乐鸟

Cicinnurus regius

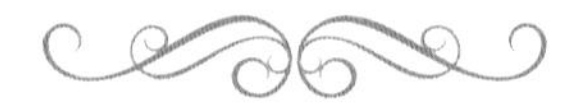

如果按刻板的学者们赋予所有他们称之为天堂鸟的种种特性进行划分，那么不仅本节介绍的鸟类，甚至余下的所有章节的鸟类就都不能被称作天堂鸟了。因为它们的特性都有别于我们描述的前三种天堂鸟，甚至，它们本身之间的差别是如此巨大，以至于每一种鸟都完全能单独成一类别。它们之间唯一的共同之处，就是它们都同样有着异常美丽的装饰，有大自然对某些鸟类特别慷慨地馈赠的、绚丽多彩的羽毛。我认为，更合理的解释是，惯于分门别类的博物学家是把所有带炫示羽毛的鸟（即所有大自然赋予变化多端的羽毛，并使它们能够作为装饰展现的各种鸟的种类）按一定的顺序排列出来。其实，博物学家们只要接受主要的特征，即羽毛多，并以某种装饰的本能展现即可。进入这个顺序的首先是孔雀，在所有拥有奇异的羽毛的动物中，它毫无疑问独占鳌头；然后是产自中国的雉科鸟类里的红腹锦鸡；鹭科里的大小白鹭，它们的背上有圈形的长

Le Manucode mâle N.° 7.

Barraband pinx.^t De l'Imprimerie de Rousset Pérée sculp.^t

图版7

线状饰羽，就像孔雀背上的羽毛一样；还有鹬科鸟类里来自非洲的美丽的种类，它的整个背部覆盖着有蓬边的、深蓝色并可张起来的长长的羽毛；在鸭科动物里，鸳鸯的背上长着两支扇形的羽毛；最后，最小的鸟类里面的蜂鸟，也称“huppe-col”。头两边长而狭窄的羽毛最能代表炫示羽毛，就像被称为阿法六线风鸟的天堂鸟那样，其实就是装饰奇特的“松鸦”；被称为华美极乐鸟的，实际上就是“美洲黄鹂”；黑蓝长尾风鸟即“喜鹊”；辉亭鸟就是“黄鹂”，而不是佛法僧，尽管布封称它们为天堂佛法僧。

正如我先前说的，人们本来可以把这些鸟类归入同一系列。现在，既然出于构造某些臆想的鸟类历史的目的而执着于给它们起一个名称，人们本来可以保留天堂鸟这个统称，然后再根据种类加上独特的称谓。如，为了把波斑鸨美丽的肉冠与其他鸨类鸟区别开来，可以称它为天堂鸨；红腹锦鸡可称天堂雉；等等。美洲黄鹂也可称为天堂鹂。这样分类的好处就是人们不必把大部分完全不同的种类都统称天堂鸟，进而让每一种鸟都能归入自己的类别。其实，我们看到一些博物学家也有这样混为一谈的倾向，例如，瑟巴就将一种长尾小鹦鹉和特尔纳特岛翠鸟都称作天堂鸟。栗内也给带羽冠的长尾鹟起名天堂鹊。然而这些特点与我们前面谈到的这种少有相似之处，如在华丽的饰羽方面，尽管它们也和真正的天堂鸟一样有其独特的外观，但却绝对不能混为一谈。尽管，人们可能将它们和一些完全可以与之媲美的种类相提并论，比如一些属于其他科的、大自然同样以不同的方式赋予其美丽外观的鸟类。事实上，不仅是我们提到的这些鸟类，甚至在四足走兽那里我们也能发现其某些得天独厚之处。比如，被非洲的移民称为“pronke-boc”（好打扮的山羊）的好望角羚羊，它可以通过下面的方法来装饰自己的臀部：把遮住臀部的棕红色毛都翻到一边，而只露出里面雪白的羚羊毛，整个臀部因此呈现让人炫目的雪白，而在正常情况下它应该是棕红色的。

在描述其余被俗称为天堂鸟的鸟类时，我们也给这些鸟类的特性作了最严格的限定，以期达到我们撰写博物志的目的，即让读者对各种鸟类有一个准确的认识。分类法为客观真实提供了一个更好的前景，也为一门学科建立起更好的名声。它还开启了一条更为便捷的道路，而某些学者于此却可能不屑一顾。同时，尽管我们的目标简单可行，也无好高骛远的想法，但我们还是确立了一种方法，即不以支离破碎的局部来堆砌一个丑陋不堪的整体。对我们而言，可行甚或至关重要的，是既体察入微，又着眼于整体。

我们的描述和提供的绘图之所以比迄今为止见到的任何资

料都翔实，那是因为我们参照的本体都是完好的、未经土著人肢解的标本，无论是已经介绍的还是将要介绍的概莫能外。过去，我们收到的标本都有着同样的制作过程，即在火炉边进行烘烤。过去的博物学家不是异口同声地声称这些鸟类的遗传特征便是头小、眼睛几乎看不见吗？但是，正如我们已经指出的，这些都远非事实。所有通过以上方法制成的鸟类标本都有共同的特征，而其中的缘由已在前文阐述。

王极乐鸟和我们谈到的大极乐鸟的共同点，仅是尾部的两根线状饰羽，而就是这两者之间也不尽相同。它们只在尾羽底部的末端长着须毛，这些末端绕成卷发状，使里面形成空心。这两根线状饰羽长在尾羽的中部，互相交叉，右边的这一根伸到左边，左边的则伸到右边，稍微弯曲。它们是完全裸露的，除了末端的小环，以及这些羽毛上与生俱来的几根稀疏的茸毛。线状饰羽长6法寸。另一个引人注意的特征是，这个小体型的鸟，胸前紧靠翅膀的地方，有一撮羽毛，数量约在20来支，其中可见的7支较大，有茸毛的部位也更宽些。在休息时，这些羽毛一根根紧贴在侧翼，飞行时，鸟可以将它们扬起，作扇形摆动。这些羽毛同我们前面介绍过的种类完全不一样，不仅短了许多，形状也异于前者，且数量更少，六七支小蓬边装饰着前胸华丽羽毛的发端，好像是用来遮挡羽轴的。我们还发现，所有这些装饰性羽毛的羽轴都穿过皮肤，在里面清晰可见，这毫无疑问地证明了它们可以随意地扬起来。

王极乐鸟的鼻孔被喙底部的羽毛完全遮盖住了，以至于人们根本看不见。尾羽极短，而翅膀极长且宽。鸟尾长羽毛的长度基本相同，只有前面两根被叠高，下端弯曲成拱形，翅膀也因此变成与任何鸟类完全不一样的奇特形状。翅膀不是呈尖形，末梢像鸟尾一般。跗跖长而细，光滑，无角质鳞状。趾甲大而呈钩形的脚爪有蹼相连，但内爪与中爪之间的蹼比中爪和外爪之间的蹼略宽。喙长7法分[①]。上喙略呈拱形，下喙直，只有尖部微微翘起，这样喙部闭合有力，可用力夹紧。鼻孔呈条状分于喙部两侧，被羽毛完全覆盖。鼻孔长度占了上颌一半以上，并与之呈垂直状，在这个部位形成类似平绒或长而松弛的毛绒。在下颌的下方，人们可以看到两边各有一个成角度的小空间，覆盖着一层极小的羽毛。头和眼睛比例适中。鸟身大小，连鸟尾的总长度为6法寸，其中尾巴长仅17~18法分，由长度一致的长羽毛和两根线状饰羽组成；翅膀长4.5法寸，由21根长羽毛组成；跗跖长13~14法分；中趾包括趾甲长8~9法分；后趾长度一样，但趾甲最大，以至于脚部比跗跖长得多。它整体和欧椋鸟有相似之处，如果说它在自己的栖息地也有椋

① 法分，法国古长度单位，等于1/12法寸，约合2.26毫米。——译者注

鸟的功能，也追随野生或畜养的动物，我也不会感到吃惊。我们都知道这种鸟喜群居，当地的博物学家都称王极乐鸟为天堂鸟之王，而实际上这是名不副实的。在所有群居的鸟身上都有此类现象，即常有一只鸟因为某种原因与原来的群体分开，找不到自己的同伴，就与另一群不同种类的鸟结伴而行。在与它们共同旅行了一个季节以后，它已习以为常了，这种现象特别在该种鸟分布区以外的国家或地区最为常见。这也解释了人们为何会在从未出现过该鸟的地方，突然发现了它们的踪迹。也正因为如此，两年前在巴黎的植物园里，在其他种类的鸟群中，我们发现了几只交嘴雀，而大家知道这地方过去从未发现过这种鸟。这些新加入一个非同类鸟群的闯入者，本来就有自己的特点、习性，有自己觅食、飞行的习惯，特别是有别于同伴鸟群的特殊的仪态，所以它们也不会参加新伙伴们的所有行动。它在它们中间保留着独特的样子，总是和别的鸟保持着一定的距离，这使得它看起来像是领头鸟、指挥着它们的行动。这就是为何这些鸟与自己的同类走散后，成了另一种鸟类的外来户，而被人们误称为某某鸟之王的缘故。基于同样的原因，我去年[①]在布里（Brie）地区的塞桑纳（Sezanne）附近见到了一只被称为椋鸟之王的田鸫。它在一群鸟中间，确实显得高

① 指1800年。——译者注

高在上，因为它不能跟着它们飞，也学不好椋鸟的那一系列动作。在好望角附近，针尾维达雀（就像路过的梅花雀那样群居，人们不加区别地称为红嘴鸟那样），除了红嘴鸟这个称谓再无其他的称呼。表面上看，针尾维达雀好像出现在好望角，但实际上它们只是与自己的族群失散之后与红嘴鸟结伴而行。因为尾羽特长，所以它们飞行不规则，姿态也很特别。颜色和它们自身种类的特性，使它们显得像我们上文说的那样高人一等。所以本节谈到的王极乐鸟，很可能也因为同样的原因，与大极乐鸟同行。人们误将它当作鸟王，其实这个称谓并不比田鸫、针尾维达雀，还有其他我不一一列举的种类更准确。这也证明了，大极乐鸟和王极乐鸟一样都是群居，因为只有这些种类的鸟才有这样的组合现象。另外，我以为，这也证明了王极乐鸟一般不在新几内亚地区生长，那是大极乐鸟的地盘。因此，在这些地方出现这种鸟类，可以确信它们是失散的鸟进而与其他种类暂处，此后又回归到自己的族群，所以也不会再被冠以其他种类鸟之王的误称了。

这些不同的鸟类生活在一起时，最有利于我们观察它们的习性。它们的故事一般不为人所知，旅行家们只会向我们转述从当地人那儿听来的传说，而不会刨根问底。可是，他们对其中的奥秘一定不会无动于衷。这些传说总有一些事实根据，如

果是有心人，本可以很容易地一探究竟，甚至追本溯源。在旅行过程中，我从当地人口中听来的表面稀奇古怪的关于动物的想象和故事里，在追根究底之后，我总会发现这些想象和故事入情入理。如果那些转述故事的人再花点力气去探寻最初的起源，不知会有多少关于各种鸟类的奥秘被世人发现！遗憾的是，大多数人都贪图安逸。此外，取悦大部分毫无鉴赏力的读者不是轻省许多吗?

介绍了王极乐鸟的这些特性之后，我们来描述一下它的颜色：头顶、额头以及几乎覆盖着上喙的所有羽毛都很纤细，柔软光滑，红中略带黄色。后脑壳的红色逐渐加深，到了脖子背面颜色就变了。肩羽、覆羽、翅膀的初级覆羽、臀部以及最后的翼部长羽毛是耀眼的紫红色。最后这一部分有时透出特殊的光，有点像上了一层清漆，就像公民巴拉邦（Baraban）在为这种鸟绘制的漂亮而真实的插图中使用的银光色那样。所有眼睛能看到的卷曲的翼羽也是紫红色的，但颜色没有背部那么深，也没那么亮，藏起的羽毛里面为棕色，翅膀的背面则为浅棕红。尾上覆羽完全覆盖了尾部，是一种没有光泽的青铜色。尾部由10根长羽毛组成，灰中带褐，有一圈紫红的边顺着每根长羽毛的外绒羽延伸。两根纤羽从鸟尾中部长出，带有一些与生俱来的浅棕红色的绒羽，完全裸露在外头，一直延伸到末端的圆形羽毛。这两根纤羽极纤细，呈棕色；羽毛末端的圆圈是发光的绿色，没有装饰，就像布封说的那样，“像孔雀那样的有金属光泽的小斑纹”。喉部的羽毛以及喉部的两侧和正前方是漂亮的暗青铜色，质地光滑，其中较长的羽毛延伸到胸部边缘。每根羽毛的末梢有一个淡黄色的边。它们的正面有暗绿色的环形的胸甲，两边的翅膀以此将胸部一分为二。这个胸甲中间部分有5~6法分宽，末端呈尖形。当翅膀贴近身体时，饰羽从胸部开始，与翅膀的肘节呼应。其他的胸甲，一环套一环，呈弓形排列，沿着胸甲的边缘渐渐朝下远离。这些羽毛也同样呈弓形，一直到末端都是一致的鼠灰色。其中的每一根长羽毛都有一个较宽的边，是很亮的翠绿色，就像接近脖子绿色的胸甲的每一根羽毛那样，它们以一条淡黄色的羽毛为界，与灰色的身体分开。可是这样的反差很和谐，诚如人们常在表现大自然的画作里看到的那样，可见艺术创作往往比大自然逊色许多。翅膀下方的覆羽是洁白的。下体部分，从绿色的胸部到整个尾下覆羽也是如此。尾羽基部是灰色的。喙为黄色，而非布封说的白色。不过他描述的错误是完全可以原谅的，因为就像所有天然为黄色或红色的喙在工作室都会变白或变黄那样，这种鸟的喙部在我们的工作室也变白了。趾甲是浅黄色的，足部为铅色的。我们不知道眼睛的颜色，它们被黑而柔软光滑的眉

毛包围着，碰到眼角，越靠近正中越往上走。我们还发现其背部紫红羽毛下方的绒羽是淡黄色的，白色羽毛的下方呈灰色，喉部和脖子前方的羽毛里面则为灰褐色。

我承认，这段描写很详尽，甚至在一些认为它无足轻重的人看来过于烦琐，与人们常见的关于这个鸟类的描述也不尽相同。但我能保证，根据我个人收藏的完好的标本所作的上述描述是确切的，而且有另外三个同样漂亮、制作精美、未被土著人肢解的标本做佐证。其中的两个标本来自阿姆斯特丹的雅各布·特明克先生的工作室，我的标本也承蒙他的赠予。另外一个标本则属于我的朋友，同样生活在阿姆斯特丹的雷伊·德伯克雷瓦尔特（Raye de Breukelerwaert）。

几乎没有博物学家不谈王极乐鸟。拉丁语称它“*manucodiata rex*”“*rex avium paradisearum avis regra*”；英国人为它起名为“king of bird of paradise”；荷兰人叫它“koning van de paradys voogels”；法国人则称它“manucode”或“oiseau de paradis”；最后印尼人的称呼是“manucodiata”，据说意为上帝之鸟。

王极乐鸟（亚成体）

Cicinnurus regius

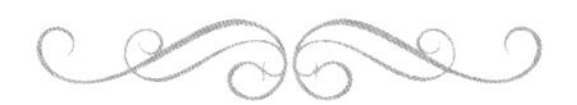

在王极乐鸟属里我们只认识了一个种类，即便这个种类我们也只见到一个标本（就是此处要探讨的）。通过观察它所有的年轻的特征，我们判断它是一只幼鸟。而这种鸟身上各个部位的不同形状、人们已经熟悉的外观等等，让人们一眼就看出同一科里不同的鸟之间的关系。简而言之，尽管偶有颜色的区别，同样可以让我们分辨出一只王极乐鸟的年龄，甚至性别。如果这个标本果真是只幼鸟（我对此深信不疑），那么毫无疑问，这个种类的雌鸟在许多方面与雄鸟相似，因为所有的幼鸟，即便是雄鸟，在这个阶段都与成年雌鸟接近[1]。这是我们观察了许多种类的鸟以后发现的，这种相似的程度也是合乎自然规律的。这些规律少有或几乎没有例外，至少我们至今尚未发现一例。

① 这是作者基于当时的认知作出的结论，实际上王极乐鸟的雌鸟和图中这只亚成体差异极大，参见古尔德部分的王极乐鸟图。——审校者注

Variété du Manucode. N.° 8.

Paradisea regia Gray.

Barrabaud pinx.t *De l'Imprimerie de Langlois.* *Pérée sculp.t*

图版8

此外，读者可以很容易地发现本节与上节中的两种鸟之间的关系。通过对比图例，可以发现它们有相同的喙、翅膀和尾羽外形；脚也相似；喙的后部有相同的饰羽，有相同的胸羽和簇羽；最后，胸部两侧也有一样的饰羽。但是颜色却不尽然。我们观察的这只鸟的喙部是棕色的；喙下方、额头、头顶是黄中略带点棕红色；脑后方的黄色暗一些，沿着颈部后方到后背上方的颜色越来越暗；但从肩胛到翅膀覆羽、飞羽的外围以及尾羽则是带点金黄的棕色，在鸟的臀部和尾部覆羽颜色稍暗些。更特别的是，当我们从头到脚观察这只鸟时，其纯金的颜色闪闪发亮。而从相反的方向看去，人们看到它与成熟的鸟的这些部位颜色完全相同。翅膀下方和尾羽下方都是带着微黄的褐色。饰羽，还有胸部两旁的羽毛都是灰色，比起成年个体来，这部分羽毛稍窄，也稍短一些。喉部和颈部的羽毛呈青铜色，但色调比成年个体稍浅，并且无一例外地在末端都带有一个浅黄褐色的边，下面比上面色调更重些。胸部羽毛底色为灰色，外缘为暗绿色。整个鸟身的下体部分，以及尾羽的覆羽为白色，在侧翼和肚子下方略有灰色，尾羽无线状饰羽。翅膀下方覆羽白中带灰，脚部和趾甲为褐色。

该标本属于我的个人收藏。

丽色极乐鸟

Diphyllodes magnificus

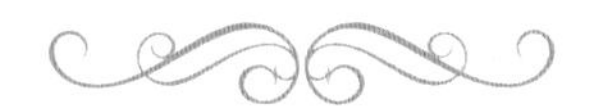

第一眼看去，人们会发现它与上节谈的种类有共通之处，特别是一些重要的特征，这些特征形成该鸟类的特性。但它也有独有的特征，使其有别于其他鸟类。它也有从臀部处长出的两根线状饰羽，但从质地到形状又有别于王极乐鸟，生长的方式也不相同。这两根线状饰羽末梢呈尖形，长度为9法寸，只有外沿有彩色的羽枝。它们先是交叉着，右边的这一根线状饰羽伸向左边，左边的则伸向右边，然后向外绕出，触到尾羽。尾羽由10根长度一样的长羽毛组成，鸟尾很短，长仅15法分。收起的翅膀仅到鸟尾一半的位置。

饰羽长在项后，而不是像王极乐鸟那样长在肋部，数量也更多，形成一束或一簇羽毛。大一些的羽毛呈团状，到末端被好似整齐地修剪，长15法分，一直延伸到背部。

人们还可以发现丽色极乐鸟和真正的王极乐鸟的喙部有一个微小的区别，就是前者的下颚两边各有一个小勾，下颚也更

Le Magnifique. N.° 9.

Paradisea speciosa Lin.

Barraband pinx.t　De l'Imprimerie de Rousset.　Perée sculp.t

图版9

直。两种鸟的鼻孔都有毛，但丽色极乐鸟鼻孔的毛没有像王极乐鸟那样长。脚长、纤细，无角质鳞甲，脚趾后部与王极乐鸟连接方式相同。趾甲也一样呈钩形，便于这种鸟抓握。

至于这两种鸟的特性和习惯，我们认为它们是一样的。我们认为，无论饰羽位置的异同、线状饰羽的长短、喙下端羽毛的多寡，还有下颚小勾多一个少一个等等，都不会对鸟的特性有任何影响，更不会使其习惯有别于另一种类。从整体上说，在两者之间存在着共通之处，因此我们将它们放在一起研究。

丽色极乐鸟的头部、面部和喉部呈青铜褐色，上面的部分色调深一些，更有光泽。从颈后开始的饰羽层次分明，按大小排列；最小的饰羽最靠近头部，在此形成一束直立的羽毛。这些羽毛为淡褐色，每根上各带一浅黑色斑块，并覆盖下一层羽毛的羽枝。中间一层羽毛为稻黄色，颜色由里向外沿逐渐变浅。靠近背部的地方则变为像生丝那样富有光泽的白色。人们还能看到在簇羽边沿有几支浅棕色长羽毛，它们顺着脖子形成一道边。休息时簇羽紧贴在脖子上。背部的羽毛和簇羽一样长，形状也相同，颜色是光滑发亮的栗色；它们的长度让人想到，当鸟扬起羽毛时，它们是起着托起饰羽的作用的，就像孔雀的尾托起背上的羽毛而开屏那样。臀部、尾部的上下覆羽，尾羽本身，以及整个腹部都是暗淡的褐色，有时它上面会带着墨绿色调。肩胛和翅膀上方的小覆羽是和背部一样的亮栗色，较大的覆羽黄里透着橙红。所有看得见的翅膀收起时都是淡黄色，每一支长羽毛末梢都有一个暗灰色、接近黑色的边。在脖子的前面中间位置，从喉部到胸部，有一条狭带，由带边的横向羽毛组成，颜色是亮绿色，在不同的光线下变为暗绿色或蓝色。其他鸟身朝下部分的所有羽毛都是暗绿色，有时会发光。侧翼羽毛靠近腿的部分有一道像脖子中间位置那样的边，但从某个角度看去则完全消失。脚和趾甲的褐色带有浅黄，尾羽线状饰羽上的绒羽是会或明或暗转变的绿色。喙尖为黄色，靠近下方则为棕色。

这种鸟类生活在新几内亚，据说土著人将它做成装饰。在我们的工作室有很多这样的标本，但大部分没有脚和翅膀。我只见到两例完整的标本，据此作出以上描述。其中一个来自阿姆斯特丹的特明克先生的工作室，我的标本也拜他所赐。另一个则属于同在阿姆斯特丹的雷伊·德伯克雷瓦尔特。

布封对丽色极乐鸟做过很详细的描述，使它广为人知。但他说该鸟的饰羽的数量为20支则显然是错了，因为我数到了97支。布封之所以弄错，是因为他没有一个完整的标本，羽毛也缺了很多。这个错讹使得一些博物学家猜测它有两束簇羽，

可能因为羽毛缺得太多。也许是因为标本的粗制滥造，或者损坏，使布封断言丽色极乐鸟的头部羽毛外观短、直、密，形成一个天然的像绸缎般柔软的光面。

阿法六线风鸟

Parotia sefilata

在大自然尽情打扮的所有鸟类中，这种鸟以柔软光滑的羽毛显得卓绝群伦。它的羽毛熠熠发光，而且人们发现，随着光线的明暗转换，颜色也会发生变化，就像瑰丽的宝石和锃亮的金属那样使人眼花缭乱。这些色调的变幻更加突出，因为四周晦暗的背景更强烈地反衬出它的光泽。这些羽毛在它的胸前形象地勾勒出耀眼的火苗图案，在黑暗中闪烁着五颜六色的光芒。

迄今为止，谈及我们要介绍的这个美丽鸟类，博物学家所知甚少。与其说它属于极乐鸟属，倒不如说更接近王极乐鸟或丽色极乐鸟，但这并未妨碍刻板的学者们不问青红皂白地将其归入非此即彼的种类，这是因为他们看到的阿法六线风鸟也和别的鸟类一样受到肢解，外观同样有着人们错误地赋予的各种特征。同时，迄今出版物的插图中号称阿法六线风鸟的标本也带有损伤的痕迹。而我却认为它是被大自然精心打扮得绚丽无

Le Sifilet. N.° 12.

Barraband pinx.t De l'Imprimerie de Rousset. Pérée sculp.

图版10

比的八哥。至少，可以肯定地说，它的所有外观都体现着八哥的特性。同时，极乐鸟科各种鸟类之间与本节描述的种类之间的差别一样显著。如果我们相信动物分类学家们武断地赋予的特征，且这些特征被不加分别地强加在同科的所有鸟类当中，就好似造物主果真有一把圆规在手，创造出各种生灵，并赋予它们一模一样的机能，我认为最重要的，是要了解这些机能，以明了这些生灵在大自然序列中各自的位置。另外，无论人们是否将阿法六线风鸟归入八哥类，或如有些人称为天堂八哥，也不管是否硬将其与别的天堂鸟或别的什么鸟相提并论，它就是一只头部两边各带3根线状饰羽的鸟类。布封据此称之为六线风鸟，这个名称十分贴切，我们也因此沿用，将其归入与其最接近的科目中。相信将来博物学家对它的习性和生活方式有更深入的了解，也会如此分类。在此期间，我们将试图比前人更加真实地把这种鸟介绍给读者。一言以蔽之，便是将其在自然中的状态展示出来，而这与过去人们错误的描述是大相径庭的。

观察这种鸟而得到的第一印象，便是它裸露的六根线状饰羽，粗细和马鬃相当，每根的末端都有很宽的且茂盛的绒羽，其质地与其他如绸缎般柔软的羽毛相同。线羽在头部两侧等数排列，确切的位置是在眼睛后面，向后延伸6法寸，样子十分

特别，因为到了一定的距离以后便看不清了，所以让人感觉像是鸟的周围有6只大飞蝇。这些线羽的根部带有大量更细微的线羽，长度约为8～10法分，均在鸟的头部向后散发。它们起着其他所有鸟类耳旁的簇羽的作用。大自然有意使这些耳旁的羽毛只长着光滑的茸毛，分布也十分稀疏，使鸟的听力完全不受影响。甚至，可以肯定地说，这种鸟的听力比起其他鸟类好得多，因为所有的线羽，无论大小，都通向耳门，向外伸出的耳羽接收到声音后，顺着羽轴传递给无数小绒羽，然后再由这些起传导作用的绒羽导入鸟耳的听觉中心。此外还有一个奇妙的构造，就是鸟身两侧长着许多透明的长羽毛，它们又带着浓密的绒羽，一直延伸到鸟尾的中部，盖住整个鸟身及大部分足部。肋下羽毛两边各自的侧羽数量竟在200根以上，使得鸟的身体看起来比实际大出许多，而事实上它的身量并不比法国普通斑鸠大，也不比它肉多。鸟尾长4.5法寸，层层相叠，但层次并不多，所以展开时呈弧形。鸟尾由12支羽毛组成，尾的背面部分无论外观或手感都像鹅绒般柔软，而腹面部分则很光滑。用放大镜观察这些像天鹅绒般柔软的羽毛，我们发现它们有极纤细而浓密的须状飞边，垂直地分布在羽枝上。可以说天鹅绒布料的发明者只是模仿自然而已。啊！所有发明又何尝不是浅陋的赝品，人们都可在大自然的擘画中找到灵感的源泉！

与八哥和佛法僧一样，阿法六线风鸟的头较大，羽毛茂密。额头侧翼的羽毛一部分垂落到鼻孔并遮住了它，另一部分则朝上，到眼睛的位置均为黑色。下面部分是无光的银白色，呈三角片状，顶端抵近鼻孔上方，基底部分则到眼睛处。这个形成三角片状的羽毛细而长，数量较多，根部为黑色，只有上方可得见的部分为白色。头部余下部位覆盖了一层光滑柔软的黑色羽毛，有紫红色的反光。接下来是长一点的羽毛，僵硬、平坦，形成球状顶端，延伸并超过后脑壳位置，就像古代风度翩翩的迈达斯人头上俗称的希腊式束发那样。最明显的是这部分羽毛根部为黑色，上面是一条发光的绿色带状羽毛；另有一些则有着锃亮钢板的那种颜色。这些羽毛竖立起来，形成一个特殊的发光鸟冠，而非银色的前额羽毛。布封正是根据松内拉（Sonnerat）带回来的、现在巴黎自然博物馆展示的那个被肢解了的标本，作出关于阿法六线风鸟的漏洞百出的描述。而另一些人则不加观察地、无知地照单全收。除了这个华丽的鸟冠，人们可以看到这只美丽的鸟的脖子下方，而不是在喉部，有一个颜色鲜艳无比的、宽宽的“盾甲”，是纯粹的金色，但根据阳光的照射角度，时而变幻着绿光和蓝光。而在另外的姿势时，又交替发出锃亮的钢板一般的蓝色、翠绿、巴西黄玉岩的黄色，或是紫晶的颜色。每个角度都变幻出一个新的色调、

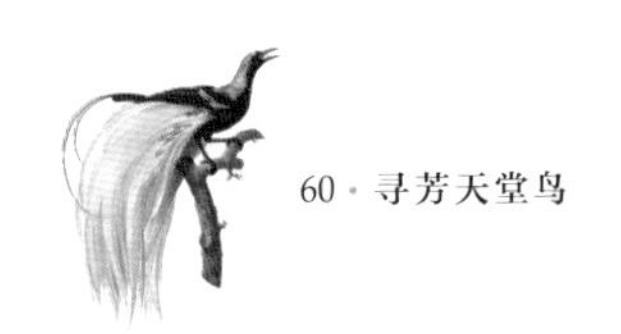

新的色彩，有时各种颜色还会一同绽放。这一部分羽毛弯曲着，呈鳞甲状整齐地迭盖着，它们的根部为黑色，只要这些羽毛分开一点，人们便会发现每一根到末端逐渐变了颜色。这些黑色使胸甲变幻着色调并增加着亮度。我们绘制了胸甲的一支长羽毛。其他的羽毛细小一些，而且越是靠近阿法六线风鸟的喉部羽毛越细小。喉部和整个身体的羽毛的颜色由黑色渐变为紫红。至于肋下羽毛整体看上去是无光的黑色，间隔着一些黑褐色毛。翅膀延伸到鸟尾中部，也如绸缎般呈现着柔软光滑的黑色，像它们收起并贴着身体时，人们在整个长羽毛部分看到的那样。身体朝下的部分和下方的羽枝很光滑，泛着亮光，带着些微的紫红。喙部棱角极锋利，与足部和趾甲一样都是黑色。

当阿法六线风鸟淋漓尽致地散发着浑身的魅力，即当它发情时，像所有大自然特别眷顾的物种那样展示着缤纷的羽毛，可以说它展现了它最重要的一面，如我们图版10中试图表现的样子。尽管我们尽可能将其最真实地表现出来，却未能展示其难于抑制的欲望和兴奋于万一。

在作了这番翔实的描写，并在绘图里准确展现了阿法六线风鸟之后，我想，再讨论别的作者对这种鸟类的细节的描述、列举关于它的诸多谬误，纯粹是画蛇添足。我们只想说，要认识一个事物并加以正确描述，首先必须研究它。而迄今为止，我们的大部分鸟类学家好像或者说根本未这样做过。

我在多个工作室见过阿法六线风鸟，但完好的标本我只见过三例，其中一只属于阿姆斯特丹的霍图森先生（Holthuysen）的工作室，另一只来自鹿特丹的盖弗斯·安茨（Gevers Arntz），最后一只，大家在我家里便能看到。

十二线极乐鸟

Seleucidis melanoleucus

我们因其白色饰羽命名的这只鸟[1]，在大自然特别垂青的鸟类中当之无愧地名列前茅。它也充分地以其异彩纷呈的饰羽示人，正如我们前文多次介绍的那样。我们将要介绍的这种鸟所拥有的羽毛使之与极乐鸟属难分伯仲，但又未被划入极乐鸟属的行列。尽管，与其说线状饰羽是它唯一鲜明的特点，不如说它肯定不属于我们认识的任何鸟类。因为它有9根线状饰羽，或者更多，而且这些线羽盘曲的形状和位置，使它在树林间飞行、在树枝上停留时都极易使线羽掉落，有时甚至会连根拔除，这种假设使得我们未将它命名为九线风鸟。无论从哪方面说，比起我们的命名，本来叫它九线风鸟再合适不过。如果未来我们有机会看到更多该鸟类的标本，而线羽的数量又都一致的话，我们就可将该名称再奉还给它，但多种原因使我们对此心存疑虑。首先，我们在海牙的卡尔本图斯（Carbintus）

① 十二线极乐鸟的法语名直译为“云雾鸟”，白色饰羽展开时有云雾缭绕之感。——审校者注

Le Nébuleux, étalant ses parures. Pl. 16.

Barraband pinx. — *Epimachus albus. Gray.* — *Pérée sculp.*

De l'Imprimerie de Langlois.

图版11

先生的工作室看到一只该种鸟类标本的残余，实际上它没有头、翅膀和腿，但其线状饰羽和无羽枝的白色长羽毛还是让我们判断是该鸟类。然而它的线状饰羽却有10根，另外，在《弗雷斯特船长游记》（*Voyage de Capitaine Forrest*）一书中，作者引用了瓦伦汀（Valentin）对天堂鸟的含糊的说明文字，他提及的两只鸟中的一只有12根线状饰羽，而据他说，另一只却有12～13根。因为其说明文字也大同小异，所以基本可以判定他说的属于我们说的鸟类，而它的线状饰羽又比我们看到的多（我们先假定瓦伦汀计算无误，如他所说的有12～13根线羽）。此外，该作者的描述文字优美，尤以准确见长，从他对鸟的种类的描写可见一斑。而在这些种类的描述上他没给我们留下任何疑问，因为我们对此已经谙熟于胸。

所以针对该种鸟类，最好的方法是期待未来获得更多的信息。此外我们在此引用《弗雷斯特船长游记》中瓦伦汀的说明文字，以便让读者辨别我们的存疑是否合理。把该作者的这两段说明文字和本节介绍的种类进行比较，我认为这两段文字说的和我们所说的就是相同的种类，我们引用的这两段文字的细微区别可以忽略不计。

第一段说明：“白色天堂鸟较罕见，一共有两种：一种是全白，另一种黑白相间。纯白的数量极少，它的外形像巴布亚群岛（les Isles des Papous）天堂鸟，或称二级天堂鸟；黑白相间的则前面部分黑色，后面部分白色。12根螺旋状的线状饰羽基本裸露着，只有在少数几处有些茸毛。这个品种很稀有，我们只能从提托岛（Tidor）岛民手里买到，它们栖息在巴布亚群岛，特别是在Waygehoo，也称Wadjoo或Wardejoo岛上。一些人则认为它们来自新几内亚的 Serghile 岛上。”（《弗雷斯特船长游记》，五，第159页）

第二段说明：“1689年，人们在安布茵岛（Amboyne）看到一种新的黑色天堂鸟，来自墨索瓦尔岛（Messowal）。它只有一法尺长，颜色是美丽的紫红色，头很小，鸟喙直，如同别的天堂鸟，背部靠近翅膀的位置的羽毛为紫红和蓝色，翅膀下方，特别是腹部，羽毛的颜色为黄色，和普通的天堂鸟一样。脖子的上部是灰色，夹杂着一些绿色羽毛。它的特别之处在于，在翅膀前方有两簇圆形的羽毛，边沿为绿色，它可以将它们像翅膀那样随意摆动。在尾羽的位置，它有12～13根黑色而无茸毛的线状饰羽，这些线羽一根根排列着。足部健壮，有锋利的趾甲，头极小，眼睛也小，周围是一圈黑色的羽毛。”（《弗雷斯特船长游记》，六，第160页）

十二线极乐鸟的喙部挺直，翅膀前方两簇呈弧形的羽毛有绿色的边沿。它也带线状饰羽，但不是“在通常尾羽的位

置”，因为它也有尾羽，尽管很短并且完全被线羽和臀部的长羽毛遮挡，这些羽毛贴在尾羽上，包裹着它。如果不是靠近仔细观察，人们的视线肯定看不到鸟的臀部。也可能瓦伦汀看到的标本已经被土著人去掉了尾羽，就像他们摘除了翅膀和足部那样。在土著人的饰物里最无用的就是一个小尾羽了，因为它不能为主人增光添彩。其极小的头部，我们在别处也能看到，但这也取决于当地居民制作标本的方法。不管怎样，我们接下来就要根据这个极漂亮的标本，可以说为我所仅见的，就是在我的朋友、阿姆斯特丹的雷·德·布克雷瓦尔特（Raye de Breukelerwaert）的很完善的工作室见到的标本来描述这种鸟。

该种鸟类和法国的乌鸫身量相差无几，它的喙部挺直，长两法寸，上喙外形倾斜，下喙尖部微微上翘，可让它们完全合上。另外上下喙都很结实，就是说里面不是空的。舌头应该很短，紧贴着咽喉。后面这些特征和澳洲的鸦科鸟类一样，所以毫无疑问是食虫鸟。另外，其结实的腿部、坚硬而呈钩形的趾甲也证明它能牢牢地抓住树枝，吃到隐藏在树皮下的虫子。根据这些，我们有理由相信，事实上我们也确信它就属于澳洲的鸦科鸟类。我知道我们的方法论者会惊呼说澳洲鸦类喙部为拱形，而这个鸟喙部是挺直的。但我们已经多次根据实物证明这

Le Nébuleux, dans l'état du repos. Pl. 17.

Epimachus albus, Gray.

Barraband pinx. De l'Imprimerie de Langlois. Pérée sculp.

图版12

些刻板的鸟类学家结论的荒谬，我们只满足于为鸟类研究的推论提供依据。此外，我们也有理由相信，当我们了解了更多的十二线极乐鸟的习性和生活习惯之后，这些推断会变成铁证。十二线极乐鸟拥有华彩羽毛，先是有20根羽毛从脖子周边长出，确切地说当翅膀收起时覆在翅膀的上部，它们形成两簇羽毛，外形就像扇面；然后是很多带有稀疏的绒羽的长羽毛，从背部长出来，延伸到尾部。最上面的羽毛没有线羽，靠下方的外形也像上面的羽毛，但都带有一根很长的裸露的线羽，这些线状饰羽都卷曲着，远远超出尾部。所有这些长在背上的羽毛都有很结实的羽轴，穿过皮肤，这证明十二线极乐鸟可以随意地张开羽毛。鸟的尾巴极短，有12根一样长的羽毛，可以完全被下垂的翅膀包裹住。

至于十二线极乐鸟的颜色，它的头部、脖子、胸前、侧翼和整个腹部、腿部和尾羽的下方的覆羽，都是一层光滑柔软的黑色羽毛，发着紫红色的亮光。两簇扇形羽毛也是这个颜色，不同之处是，根据光线明暗的变化，它们或蓝色或绿色地变幻着。翅膀和尾羽为棕色，上面的炫示羽毛是漂亮的白色，下面的带有浅黄色调，而它们的线羽则为棕褐色。鸟喙和趾甲都是黑色，腿则为黄褐色。

我们的描述到此为止，读者可以由我们展现的两个图版作更深入的观察，将一些精微的细节补充到我们的描述里。

我重申，我只见过这种鸟的一个标本，但我提到过的热情的博物学爱好者沃德福尔特（Woodfort）先生，他在布克雷瓦尔特先生处看过作为本节描写实物的标本。我记得，他告诉我他曾在德国的黑塞-卡塞尔王子（Hesse-Cassel）家见过另一个标本。

第二部分

古尔德的天堂鸟

选自《新几内亚岛及邻近岛屿的鸟类》及《澳洲鸟类》

〔英〕约翰·古尔德 著

童孝华 译

约翰·古尔德

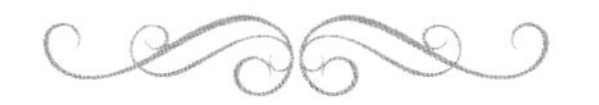

约翰·古尔德（John Gould，1804—1881），英国鸟类学家，鸟类画家。由夫人伊丽莎白·古尔德协助绘画制版。他先后完成了多部鸟类学专著，如《喜马拉雅山珍稀鸟类图鉴》《澳大利亚的鸟类》等。后者将其推上澳大利亚鸟类学研究之父的地位，而澳大利亚的环境组织也为纪念他而被命名为“古尔德环境联合会”。从某种程度上说，达尔文自然选择进化论的成立有赖于古尔德的贡献，现今的“达尔文地雀”便是当时古尔德鉴定的。在《物种起源》中，达尔文也曾引用过古尔德先生的专著。

古尔德出生于多塞特郡的一个园丁家庭，父子两代并未受过很多教育。1818年到1824年，他在父亲工作的温莎皇家花园做学徒，之后成为约克郡雷普利城堡的园丁。在动物标本剥制方面，古尔德技艺精湛。1824年，他在伦敦开设了自己的动物剥制作坊，这项技能也助其后来成为伦敦动物学会首任会长和管理员。

鉴于本职工作的特点，古尔德有幸接触到英国最顶尖的博物学家，并亲眼目睹捐献到动物学会的鸟类标本。1830年，一大批喜马拉雅地区的标本被送到英国，趁此机会，古尔德出版了专著《喜马拉雅山百年鸟类图鉴》。本书由威格斯撰文，古尔德夫人手绘配图，又经其他艺术家制版。

此后的七年中，他相继出版了四部作品，其中包括五卷本的《欧洲鸟类》。该书由古尔德亲自撰文，助理普林斯编辑。因当时的画师爱德华·里尔

经济困难将其整套绘本出售，古尔德得以购买这些鸟类的图样放在书中出版，虽然成本颇高，他仍因此赚了许多钱。1838年，古尔德带夫人为其新作前往澳大利亚。遗憾的是，在三年后返回英国时，古尔德夫人去世了。

1837年，古尔德与达尔文相会，后者向其展示了哺乳动物和鸟类标本，由古尔德对其中的鸟类进行鉴定。几日后，古尔德放下手中生意，鉴别出达尔文先前认为的来自加拉帕戈斯群岛的黑鹂属于一种全新的独立鸟属，包含12种。相继而来的是二人的多次合作。在达尔文后来编辑的《贝格尔号之旅的动物学》第三部分中，便加入了古尔德的鸟类学研究。

英国的格拉斯哥大学曾将古尔德誉为奥杜邦之后最伟大的鸟类学家。他一生出版了关于英国和欧洲其他地方、亚洲以及新几内亚岛的鸟类书籍，另外还有一卷有关澳大利亚的哺乳动物的书。成熟期的古尔德已经有了美学意识，在画中描绘出鸟巢和幼鸟的样子，大大增添了其作品的审美元素。

天堂鸟

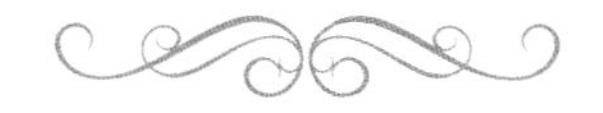

没有哪个地方比新几内亚岛为世人展现了更多新奇的鸟类

近百年，新奇与新几内亚岛同在，那里的动物被一一公布于世。博物学家竞相踏上这块土地，哪怕是暂时没有机会的学者也梦寐以求到此一游。古尔德先生认为天堂鸟本身就是巴布亚地区最神奇的鸟类，而它的出现再次证明我们将此地独立于澳大利亚地区来进行研究是明智之举。

澳大利亚北部和新几内亚地区自然有很紧密的联系，因此两地共有很多物种。

在现阶段，没有哪个地方比新几内亚岛为世人展现了更多新奇的鸟类，而每次在此地的群山中探索都会收获颇丰。30年来，这一地区的鸟类志不断发展，各国旅人仍在进一步揭晓其中奥妙，以下是其简要的历史。

1858年，英国律师兼鸟类学家斯克雷特先生发表新几内亚岛动物学论文。他走访了巴黎博物馆和莱顿博物馆，并研究

了来自新几内亚岛的标本，之后绘制了一系列图画，哺乳动物10种，鸟类170种。对哺乳动物的研究程度，我不便做评价。1865年，另一部作品《新几内亚岛及其栖息者》问世，作者芬奇先生收录了15种哺乳动物和252种鸟类。诚然，30年的研究十分卓越，但距离此地博物志的完善还有距离。

意大利鸟类学家萨尔瓦多曾出版《巴布亚的鸟类》。在本书中，古尔德先生便收录了300种萨尔瓦多书中描述过的鸟类，并为其配画。

斯克雷特先生在回忆录中曾描述了早期在新几内亚岛探险的细节。起初被带回的天堂鸟经常是支离破碎的，而有些则被画在书籍当中。林奈时期还不知道此地有何种鸟类。我们真正接触到巴布亚的鸟还应归功于法国探险家松内拉特，他1771年到达那里，收集了一些植物和动物。1776年，他在《新几内亚岛北部游记》中记录了自己的发现。1824年，法国探险船只到此收集了55种鸟类，其中大多数是之前科学界没有记录的，后由雷森先生描述。

不过荷兰人在19世纪下半叶于此活动频繁，而新几内亚岛西部本身就是荷兰的地盘。因此荷兰的莱顿博物馆的藏品可谓傲人。许多标本图画都是由动物学家特明克绘出的。

在斯克雷特写作回忆录为新几内亚岛动物学正名的同时，

英国的博物学家华莱士也在马来群岛探险考察。他的很多发现其后都被乔治·格雷收入了自己的作品《新几内亚岛鸟类名录》里。后来芬奇先生在著作《新几内亚岛及其栖息者》中收录了更完整详细的哺乳动物和鸟类。

在英国的华莱士激励下，荷兰政府开始出资在巴布亚常年进行动物学探索。前去的旅人们收集了大量的标本，为世界博物史带来了极大的新意。而继华莱士之后，英国人也开始前往新几内亚岛东部的外围岛屿探奇。在所罗门群岛，他们发现了许多新的鸟类物种，收集了不少标本。此外，新几内亚岛西边更多地区也成为欧洲人涉猎的范围。除了他们，澳大利亚人也为该地区的博物史作出很大贡献，他们甚至到达雅斯陀蕾伯山并发现了一些奇特的生命。这里的动物具备独有的特点，是当地小生态塑造出来的。

最后，我们必须再提一下H.O.福布斯夫妇，他们是欧洲第一批到达干燥的帝汶海区域寻找新物种的欧洲人。那里工作条件艰苦，土著人恶意相向，能够在此考察收集绝对是博物界的光荣，他们的勇敢值得永世赞扬。

本书《天堂鸟》由古尔德先生出品，书中内容常参考萨尔瓦多之书。如今，出版物层出不穷，对某种单一鸟类进行写作传播绝非易事，而就任何地区的鸟类进行完整的著述更是烦琐

枯燥。在热那亚的奇维科博物馆陈列着最全面的标本，加上意大利探险家们不断补充，新几内亚的鸟类志最终得以完成。可以说，《天堂鸟》的成书是建立在萨尔瓦多巴布亚鸟类学基础之上的，我们仍要感谢这位意大利大师的贡献，他已将这里的鸟类知识梳理得非常清晰，未来的各种相关作品都无法离开对其的参考和借鉴。

阿法六线风鸟

Parotia sefilata

显而易见，探险家最近的研究增进了我们对新几内亚鸟类的了解。一百年以前，蒙贝利亚尔曾画过这种鸟。直到三四年前，我们对它的了解还是空白，仅知道它曾被收集到欧洲，连确切的发源地也不得而知，但可以断定它是一种新几内亚岛鸟类。第一个完整捕获阿法六线风鸟的是罗森贝格男爵，他在新几内亚岛北部地区发现这种鸟。此后，梅尔先生曾将几只标本带到欧洲，使我得以作画并收藏。

莱森的书《天堂鸟博物志》中绘有雌雄阿法六线风鸟。博物学者艾略特先生在其作品中也画过雌鸟的插图，效果更好。最近，由密歇根大学斯迪瑞教授提供标本，我得以观察到这种鸟。以下是阿尔伯特为此写的评论：

“尽管该鸟已经存世多年，关于其信息尚不确切，皆是片段。我在野外观察它们，并研究了其活体和标本。它们分布在新几内亚岛北部海拔3600英尺的山间。我很少看到成熟雄鸟

图版13

和雌鸟或幼鸟共处，除了在幽深的森林中。雌鸟和幼鸟常出现在地势较低的区域。这种鸟尤为吵闹，以各种水果为食，尤其是山地里盛产的无花果。偶尔也见过它们吃肉豆蔻。它们喜欢清洁自己绚丽的羽毛，通过伸展梳理保持干净。由于冠羽有六根，因此得名阿法六线风鸟。它们古怪的动作和尖声叫嚷，似乎在和假想敌战斗。我有一副雄鸟的骨架标本，从中可以发现这种鸟的肌肉结构并了解它们是如何竖起头上羽毛的。它们颈部的羽毛在阳光下折射出华丽的金属光晕。阿法六线风鸟的眼睛泛蓝光，内有黄绿色。”

十二线极乐鸟

Seleucidis melanoleucus

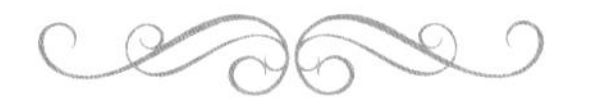

学界对十二线极乐鸟的了解已有很长一个时期。除了目前的名字，在许多著作中，它还有很多其他名称，在此就不一一列举了，读者感兴趣可以再做查阅。十二线极乐鸟是天堂鸟的一种，其喙形状细长，肋部羽毛修长，呈黄色，每边有六根线状羽毛，以此得名十二线极乐鸟。遗憾的是，其肋部的黄色会在死后褪色发白，大大减弱了原始的绚丽。

据悉，十二线极乐鸟是新几内亚的特有鸟种。从阿尔伯特带回的众多标本中，可以推测其在当地数量庞大。它们喜欢独居，常待在树木的枯枝上，日出时分发出鸣叫，日间沉默。华莱士先生在其书中写道:

“十二线极乐鸟分布在新几内亚岛西北部，它们喜欢开花树木，在花间活动。其动作敏捷，很少长久地待在某一棵树上，而是不断变换处所，速度极快。很远处便能听到它们的叫声，每次叫五六声，然后飞走。雄鸟尤其喜欢独处，与真正的

SELEUCIDES NIGRICANS.

J Gould & W Hart, del et lith. Walter, Imp.

图版14

天堂鸟酷似。我的助理艾伦先生曾捕猎这种鸟并解剖，在其胃中发现花蜜。当然，它们还吃水果和昆虫。在一次观察活标本时，我发现它很喜欢蟑螂和木瓜。这种鸟在中午将鸟喙垂直朝上，原因不明。舌很长，可伸缩。”

这里引用夏普先生《鸟类名录》中的描述：

“雄性十二线极乐鸟上体黑色，在阳光下泛亮绿色光泽；翼覆羽和次级飞羽紫色；尾部紫色；头部羽毛柔软，上部紫色，脸和喉部的两侧亮绿色；胸部黑色，像盾牌形状；横向羽毛都有绿色边缘；下体其余部位米黄色，肋部羽毛修长如丝绸；喙黑色。身长12英寸，翼长6.45英寸，尾长3.15英寸，跗跖1.75英寸。

“雌性上体栗色；颈部黑色；冠羽和颈背黑色，羽毛如天鹅绒般柔软，在阳光下有紫色光晕。翼覆羽和次级飞羽栗红色；尾部栗色；眼周围裸露；耳覆羽黑色；脸侧灰白色，有黑色斑点；其余下体米褐色；翼覆羽下为亮栗色，带有黑色横纹。身长12.5英寸，翼长6.5英寸，尾长4.3英寸，跗跖1.7英寸。”

卫古极乐鸟[1]

Diphyllodes gulielmi

这种鸟1874年在卫古岛东部山脉发现，当时的一位荷兰著名探险家为其作了描述，补充了科学界的空白。后来的罗森贝格爵士介绍在巴坦纳岛有卫古极乐鸟，而且和之前发现的一模一样，这有可能是真的。梅尔博士同时也向动物学会投稿，文中显示了此鸟的特征：

“不可否认，卫古极乐鸟与丽色极乐鸟和威氏极乐鸟很像，例如其上体的红羽毛以及骨骼结构，尾羽的羽轴，胸部两侧延长的扇形绿羽毛，颜色和形状又很像王极乐鸟。

“卫古极乐鸟和丽色极乐鸟一样，在颈部有冠毛，但较小，颜色也不同，喙的形状与颜色极其相似。卫古极乐鸟没有丽色极乐鸟从下巴到胸口的彩虹色宽阔条纹，以及肩膀和颈部浅褐色的羽毛。

---

① 经现代学者考证，卫古极乐鸟应该为丽色极乐鸟和王极乐鸟的杂交个体，野外极其罕见。本书中根据古尔德先生所提供的英文名，将其译为卫古极乐鸟。——审校者注

DIPHYLLODES GULIELMI, III, *Meyer.*

J Gould & W Hart del. et lith. Walter imp

图版15

“卫古极乐鸟胸部绿色天鹅绒般的羽毛形状很像王极乐鸟，还有其延长的尾部羽轴。

“从很多特点可以看出它是一种独立的鸟类，比如其尾部羽轴的形状，上体的红色，紫罗兰色的腹部，以及胸侧的扇形羽毛。”

这里我再引用一下梅尔博士对其雌鸟的介绍：

“整个上体橄榄褐色；下巴、喉部、胸部、腹部和尾下覆羽浅黄色，杂有褐色条纹；每支羽毛上有深深浅浅的斑纹，往上的条纹逐渐变小；羽翼上侧褐色，次级飞羽和三级飞羽外缘黄色，羽轴上部褐色，下部白色；尾部下部变灰，羽轴下部白色，上部褐色。”

多谢布威尔先生的慷慨提供，我才得以为这只雄鸟作画，目前这只鸟应该陈列在华沙博物馆。

丽色极乐鸟

Diphyllodes magnificus

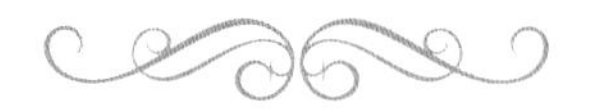

丽色极乐鸟的发现者目前无从考证，但应该是松内拉特首次将其介绍到博物学界的，他在探险中收集了这种鸟类并带到欧洲。不过在之前不久蒙贝利亚尔也曾在作品中画过它。早期的作家们鲜有认识这种鸟的，大家只能相互引用借鉴，放在自己的书中。在过去的十年中，博物馆里只有它的皮毛标本。最近，在一批荷兰博物学家的帮助下，一系列保存完好的鸟皮被运到欧洲，如今陈列在大英博物馆和我个人的藏品中。从运来的鸟皮数量看，丽色极乐鸟在当地很常见，有不同的命名。罗森贝格男爵发现它们栖居在新几内亚岛的东岸及附近小岛。至今学界对其习性还不甚了解。华莱士先生在书中曾记述：

“据观察，我们确定，这种神奇的鸟的羽毛可以立起并呈现出惊人的姿态。其下体的羽毛呈半圆形，黄色部分竖起，极其特别。它的脚是深蓝色的。”

图版16

金翅极乐鸟[1]

Diphyllodes magnificus chrysopterus

我曾长时间寻找这种鸟，在得到标本后借给艾略特先生绘画。他本人将此鸟归为丽色极乐鸟的一个亚种，以下是他的记述：

“这种鸟和其他天堂鸟的唯一区别就是翅膀是金色的。但体形上它们和任何天堂鸟都很接近。它们的来源尚不明确，我们可以将其称为金翅极乐鸟。”

此处引用艾略特先生的点评仅说明其个人看法，我本人并不认为金翅极乐鸟只是亚种。我收藏了两只雄鸟，它们长相酷似。我的看法是金翅极乐鸟完全独立于丽色极乐鸟，是一个新鸟种，而科学界很快会找出它们的产地。

① 金翅极乐鸟为丽色极乐鸟的亚种。——审校者注

DIPHYLLODES CHRYSOPTERA, *Gould.*
J. Gould & W. Hart del. et lith.
Walter imp.

图版17

黑嘴镰嘴风鸟[1]

Drepanornis albertisi

我们曾一度怀疑新几内亚岛东南部的镰嘴风鸟和阿法山脉中的那些是不同鸟种，因为前者的尾羽颜色要浅得多。收藏者们直到最近才将雌雄黑嘴镰嘴风鸟收集齐全。悉尼的本内特教授潜心研究此地鸟类，为大英博物馆贡献了自己的标本。1883年12月，斯克雷特先生将它们展示给动物学会，并给它们取名黑嘴镰嘴风鸟。

悉尼博物馆的藏品多由学者拉姆齐捐赠，他还增添了鸟的巢和卵。在描述中，他写道：

“其鸟巢平浅而且薄，建在细枝丫的交接处，大约1英寸深，由红褐色线状草组成，底部是黑色草根。它们的卵长1.37英寸，宽1英寸；奶白色，有斑点。”

① 此处黑嘴镰嘴风鸟和下文中的黑镰嘴风鸟是两种不同的极乐鸟，前者属于短尾镰嘴风鸟属，后者属于镰嘴风鸟属，二者外形差别明显。——审校者注

DREPANORNIS CERVINICAUDA.

W. Hart del. et lith. *Mintern Bros. imp.*

图版18

劳氏六线风鸟

Parotia lawesii

劳氏六线风鸟分布在新几内亚岛东南部的山脉中，曾在海拔7000英尺的地方被初次发现。它们与阿法六线风鸟并非同种鸟类，在毛羽的颜色分布上二者有许多差别。如冠羽、颈背和羽盾，都有明显差别。

雌性劳氏六线风鸟也和雌性阿法六线风鸟不同，其黑色条纹底下是红棕色，而上体的栗色更浓。

此鸟的幼鸟和雌鸟外形酷似。

大英博物馆的测量结果如下：

雄鸟身长13英寸，翼长6.15英寸，尾长5英寸，跗跖2.15英寸。

雌鸟依次是9.5英寸、6.10英寸、4.1英寸和2英寸。

PAROTIA LAWESI, *Ramsay*

图版19

黑蓝长尾风鸟

Astrapia nigra

许多作者试图完成归类和定义天堂鸟家族的艰巨任务，同样难以归类的还有犀鸟和杜鹃。比如有人把澳洲的园丁鸟归为风鸟，但夏普先生就不这么认为，他感觉它更接近画眉。也有人将其归类为镰嘴风鸟，而我觉得它的喙和镰嘴风鸟的修长的喙有差别。毕竟，我们要清楚，一个属不可能涵盖千差万别的鸟种。

对黑蓝长尾风鸟，我们了解甚少，但一位捕鸟人贝卡里先生曾这样记录过：“这种鸟仅在高耸的山上被发现过，这里海拔有6000英尺。它们大多毛羽深色，吃露兜树果实，虹膜黑色。颈部羽毛可以竖起，像一个漂亮的衣领。”

黑蓝长尾风鸟分布在新几内亚岛西北部，也有人说在附近的岛屿也见到过它们。以下是夏普先生《鸟类名录》中的介绍：“雄性黑蓝长尾风鸟上体黑色，羽毛柔软，带紫色光泽，羽翼外围黑色；尾羽黑色，在特定光线下折射出黑色的波纹，

图版20

中间两支尾羽很长，带紫色光泽；后颈翘起绿色盾形羽毛；两边竖起黑色天鹅绒般羽毛；喉部黑色，从眼后到颈侧有金铜色条纹；下体其余地方为鲜艳的草绿色，胸部横羽为绿宝石色；身侧、翼下和尾覆羽漆黑色，喙和跗跖黑色；虹膜黑色。身长28英寸，翼长8.8英寸，尾长7英寸，中间尾羽长18英寸。”

威氏极乐鸟

Diphyllodes respublica

1850年，欧洲的波拿巴王子和已故的费城卡森先生曾描述过这种鸟，但他们手中的标本明显不完整。费城博物馆中的威氏极乐鸟的头是错误的，不过其他部位算是正确的，而波拿巴王子在描述中并未提到头的样子，所以很可能这只标本的头是其他鸟类的。的确，此鸟的一大特色就是它光秃裸露的头顶。

贝恩斯坦恩博士曾在卫古岛发现过这种鸟，据他描述，这种鸟大小与丽色极乐鸟差不多，头顶到后颈皮肤裸露，带有几根横向小羽毛。雄性裸露的头顶为钴蓝色，雌性呈灰蓝色。头部其他地方和下巴都是黑色；颈后部为黄色；背部红色；颈前部与胸盾为华丽的深绿色，带有金属光泽；胸部和腹部黑色。

博士谈到，幼鸟的样子和雌鸟极其相似，但是在喉部和脸颊下方有天鹅绒般的黑羽毛，这一点与雄鸟一致。

威氏极乐鸟在卫古岛上生活，但在内陆也有其踪影。目前莱顿博物馆有十只标本。

DIPHYLLODES RESPUBLICA, *Bonap.*

J. Gould & W. Hart del. et lith. Walter imp.

图版21

王极乐鸟

Cicinnurus regius

在小型的天堂鸟中，王极乐鸟绝对算是最美丽优雅的，其尾部毛羽的结构与精致不差于任何大型的天堂鸟。它们分布范围比较广泛，在整个新几内亚岛都常见到其踪影。罗森贝格爵士便在朱比岛和阿鲁群岛上捕获过。这里引用一下华莱士先生在《马来群岛考察记》中的介绍：“最初的两三天下雨，很难看到昆虫和鸟类，后来，当我正在沮丧时，我的朋友为我带回了一只活鸟，弥补了这段时间的空白。这只鸟很小，比画眉还要小。它的胸侧伸出灰色的羽毛，边缘翠绿；它的尾部带有长长的细线，尤其特别，简直是鸟中的珍品，不可多得。在欧洲，即便是专家们也只不过是看过它的鸟皮，此刻我能端详着这完美的小生命，一个博物学家所有的满足感油然而生，妙不可言。后来我看到过林中的王极乐鸟，并观察了它们的生活环境。它们喜欢稀疏的森林、低矮的树木，生性活泼，飞起来时还一边鸣叫，常在树枝间跳跃。它们喜欢醋栗等果实。”

图中是一对来自阿鲁群岛的雄鸟，远处还有一只雌鸟。

CICINNURUS REGIUS,

J Gould & W Hart del et lith

Walter imp

图版22

小华美极乐鸟[1]

Lophorina superba

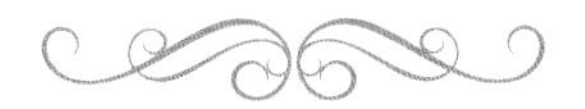

梅尔博士说这种鸟的头上的盾形与一般的华美极乐鸟不同，所以很好区分，它们主要分布在新几内亚岛的东南部。

雄性小华美极乐鸟鼻孔处的羽毛很杂乱地竖立，与普通华美极乐鸟不同。

目前我们只知道在新几内亚岛东南山地有这种鸟类，据说第一位发现它的是一位名叫汉斯泰恩的探险家，他在当地作出了不少成绩，也为大英博物馆的收藏提供了一对成熟的标本以及一只幼鸟。福布斯先生也在最近获得了雌鸟的标本，不过由于雨季，他的标本以及毛羽走了样。

雌鸟与华美极乐鸟也不同，它们的背部不是栗色而是橄榄褐色。

图中是一对雌雄标本，是由汉斯泰恩捐赠给大英博物馆的标本创作而来的。

---

① 作者可能是根据标本差异定的名字，该标本实际为华美极乐鸟的minor亚种。——审校者注

W.Hart del et lith.　　LOPHORINA MINOR, *Ramsay.*　　Mintern Bros imp.

图版23

大极乐鸟

Paradisaea apoda

大极乐鸟由林奈命名，我的收藏中有它们的鸟皮，不过在过去20年的鸟类收藏中，很多鸟的脚都被错误安置了。原因是被运到欧洲时这些标本常常是支离破碎的，没有脚甚至翅膀，所以当华莱士带来保存完整的标本时，研究者们感到如获至宝。华莱士曾在《马来群岛考察记》中记述："最早期的欧洲探险者们到达马鲁古群岛寻找丁香和肉豆蔻这些珍奇香料，他们见到稀有漂亮的鸟皮，唤起了探索的野心。马来群岛的商人将它们称为上帝之鸟，葡萄牙人叫它们太阳鸟，而博学的荷兰人叫它们极乐鸟。荷兰旅人约翰·林斯腾说没人看到过活着的大极乐鸟，因为它们在空中生活，总是向着太阳，直到死才落地，因为它们没有脚和翅膀。它们被带到印度、荷兰，但在欧洲确实少见。一百多年后，有人见到过大极乐鸟吃肉豆蔻被毒死，掉在地上被蚂蚁分食。直到1760年，当林奈为其命名时，这种鸟尚未在欧洲出现过，更没有相关信息。即使是现在，大

图版24

多数书籍也只是提到它们每年迁徙等不确定的传说。事实上，大极乐鸟是一种非常活跃好动的鸟类，整日都在活动。它们数量庞大，尤其是雌鸟和幼鸟，经常能见到。它们叫声很大，很远就能听见。其筑巢信息我们暂时不了解，但当地人告诉我，它们用树叶在高树上筑巢，每次似乎只抚育一只幼鸟，当地人没有见过它们的卵。大极乐鸟在一二月份换羽，到了5月，就能长出新羽。雄鸟会在清早聚集展示自己，这是一个捕猎的好时机。”

据了解，大极乐鸟分布在新几内亚岛附近岛屿。也有可能生活在岛内的南部地区。图中的鸟是我和哈特先生极其细致地画出的作品，呈现了每一个可能的细节。它们肋部的羽毛很长，为黄色；颈前部黄色。雌性胸前为褐色。

新几内亚极乐鸟

Paradisaea raggiana

观其所有，我认为新几内亚极乐鸟是最好看的。此地竟然有如此硕大且绚丽的鸟类，说明学界对这里的探索还未结束，未来将会有更多奇迹。

新几内亚极乐鸟与小极乐鸟并非同种，前者分布在新几内亚南部，而后者在北部。阿尔伯特探索的地方便是它们的栖居地，所以我们很快便能得到不少标本。阿尔伯特曾在信中提道：“我的远行很有收获，运气很好，因为我找到了新几内亚极乐鸟并收集到了标本。它们的声音、动作都与同属鸟类相似。它们以果实为食物，据我观察，未见其捕食昆虫。这种鸟喜欢森林茂密地区，雌性体积略小，和大极乐鸟相仿。雄性幼鸟有黄色脖领，至成熟将喉部与胸部的绿色区域分开。虹膜为亮黄色。与其他极乐鸟一样，它们生性好动，但也很机敏。”

PARADISEA RAGGIANA, *Sclater.*

J.Gould & W.Hart del. et lith.

Walter imp.

图版25

戈氏极乐鸟

Paradisaea decora

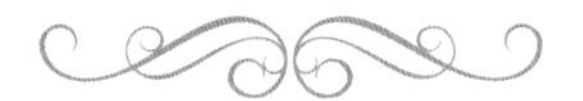

每次发现新的极乐鸟都令博物学界振奋，尤其是发现像戈氏极乐鸟这样绚丽的物种。戈氏极乐鸟分布在佛格森岛。它们的叫声很像新几内亚极乐鸟，动作也极相似。但在这里并没有见到过新几内亚极乐鸟，说明二者的生存地区有差异。

戈氏极乐鸟肋部羽毛红色；背部黄色；胸部黑色；喉部绿色，没有黄色脖领。现在大英博物馆里有收藏。以下是其他探险家的记录："戈氏极乐鸟具备极乐鸟的特征，幼鸟和雌鸟相似，但是喉部为绿色。它们身侧的羽毛很特别，前部很短，而后部很长，呈鲜艳的红色。其胸部羽毛有淡淡的紫色，喉部的绿色羽毛柔软，分为两片，从颈部分开。它们换羽的阶段因鸟而异，有的先从胸部开始，有的从尾羽开始。"

W. Hart del. et lith. PARADISEA DECORA, *Salv. et Godm.* Mintern Bros. imp.

图版26

巴布亚极乐鸟[①]（小极乐鸟）

Paradisaea minor

有人管它叫小极乐鸟，但因为还有一种鸟叫小极乐鸟，我个人觉得这种叫法不妥。再者，华莱士带回的标本中，这些鸟身形很大，所以我坚持称其为巴布亚极乐鸟。已经有两次活鸟被带到英国的历史，收养在动物学会的花园里。一只由华莱士带来，另一只由一个法国探险者带来。

以下是巴特雷特先生在动物学会的花园中的观察记录：“1862年4月，这种鸟到达花园，它们的羽毛很短，大约5英寸长，已经开始换羽。新毛还在生长。它们健康状态良好，活泼好动。这些鸟喜欢吃肉虫和其他昆虫，也爱果实、煮熟的大米，甚至熟肉。它们在笼中跳跃的样子很像乌鸦。它们喜欢洗澡，经常梳理自己的羽毛。两个月间羽毛便丰满了，很是养眼。鸣叫时身体前倾，翅膀打开，头部上扬。它们有时互相攻击，所以我们用铁丝将它们分开。很快这些鸟就被驯服，能够从人手中取食。”

巴布亚极乐鸟的幼鸟外形很有特色，所以我为其和雌鸟单独作一张插图。图版27是成熟雄鸟。

---

① 实际仍为小极乐鸟，作者可能把另一个亚种当作了小极乐鸟。——审校者注

图版27

红极乐鸟

Paradisaea rubra

华莱士先生和艾略特先生已经对红极乐鸟进行过很详细的描述，我也没有更新的内容可以添加，所以接下来我将引用艾略特先生的《天堂鸟志》中的描述：

“在卫古岛和附近的噶门以及巴坦塔岛上，生活着这种美丽动人的天堂鸟，它们超凡脱俗，两侧长着红色的羽毛。历来许多学者曾提及过它们，但直到华莱士先生亲自到达其家园观察并出版了作品进行描述，我们对红极乐鸟的了解才算深入。以下直接引用华莱士先生的原文：

“‘当我初次到达那里，惊奇地被告知在木卡地区没有天堂鸟，但波塞尔地区却有很多，而且当地人会捕杀它们制成鸟皮。我跟当地人讲我听到了红极乐鸟的叫声，但没人相信。不过当我第一次进入林间便亲眼所见，并且断定数量不少。它们很害羞，不易发觉。我的猎手射中一只雌鸟，有一天我也接近了一只漂亮的雄鸟。这只雄鸟正是罕见的红极乐鸟，

图版28

据我目前掌握的资料，它是这个岛屿上唯一的一种极乐鸟，而且其他地区也未曾见到。我发现它时它正在觅食，好像啄木鸟般找虫子吃，尾部的黑色缎带绕成两个弯，优雅低垂。我试图开枪，但没用太大火力，生怕伤及羽毛，结果却没能击中，让它落荒而逃。还有一天我们在不同时间看到了8只红极乐鸟，开枪四次，结果都失败了，我很灰心，感到再也没机会猎到这种鸟了。在我住所的附近有无花果树，恰巧果实成熟，许多只红极乐鸟前来吃食。有天早上，我正喝着咖啡，一只雄鸟飞入眼帘。我抓起枪，跑向树下，举头凝视它在树枝上来回蹦跳，我竭力瞄准，而它却飞到了丛林中。现在它们每天清早都会来访，但停留很短暂，加上一些矮树的遮挡，使我观察起来很困难。过了好些日子我才捕到一只像样的雄鸟。一直到它们再也不来光顾，我共计捕到两只天堂鸟，大概树上的果子已经不多，抑或是它们终于发现了此地不安全。不过，林子里依然常常见到它们的踪影，然而我一个月都未能打中一只。得知巴布亚人善于捕猎天堂鸟，我便前往贝塞尔寻找熟练的猎人。我把自己的斧子、念珠、刀具和手帕都给他们，以求交换新捕到的标本，而且承诺预付。不过只有一人愿意用两只鸟交换，而其余的人都等着看这个古怪白人到底会怎样做生意，毕竟我是第一个到此地的白人。三天后有人带来了第一只鸟，还是活的，不过因为一直系在书包带子上，尾羽和翼羽有些损坏。我竭力向他们解释，自己要的是完整成熟的标本，要么就杀死保管完好，要么就在其脚上系绳子带活的来。逐渐地，他们开始相信我的诚意，一行六人愿意为我去捕鸟。据他们说，捕鸟需要走很长的路，一旦捕到便回来交差。几天内有人带鸟返回，虽然这次不再放书包里，但样子还是不理想。主要原因是去一趟不易，每每捕到一只便绑上腿放在家中，再去找其他的，而家中的这只多半奋力挣脱，竭力出逃，结果弄得灰头土脸，两腿肿胀，有时甚至死于饥饿和焦虑。幸好天堂鸟的羽毛结实坚固，禁得住清洗，洁净之后模样尚能使人满意。有几只刚捕到就交到我处，从而得以真切观察其美妙。只要是活鸟，我都会让人为其准备竹笼，配有食槽，希望能够饲养它们。我让人给它们带来爱吃的果子，观察它们贪婪的啄食行为。活蚂蚱也是其最爱，吃的时候会先甩掉蚂蚱的大腿和翅膀，然后狼吞虎咽。天堂鸟爱喝水，而且很活跃，在饲养的第一天的白日里它们几乎不停地运动。饲养的第二天它们安静了一些，但食量依然很大。然而第三天清早它们便死在笼中，没有任何征兆。有些天堂鸟吃煮熟的大米、水果和昆虫，但不管怎样，每次我试图饲养它们，十有八九都活不过三天。在笼中它们很快便打蔫，之后从栖枝落下，数小时内便会死去。无论是幼鸟还是成年的个

体，鲜有进展。于是我把重点又转向如何保存标本上。

“‘不像阿鲁群岛和新几内亚岛一些地区用钝箭猎鸟，捕到红极乐鸟需要妙招。捕鸟人将它们爱吃的一种果子系在一根叉形长棍上，然后找到红极乐鸟经常栖息的树，爬上去放在枝杈间，上面有绳子做好的圈套，一旦鸟儿来吃便收紧捉住它。食物充足的时节，捕鸟人不得不连坐上几天才有收获。而食物缺乏时，或许一日便能捕到三两只。在贝塞尔地区只有八到十人专门从事这项活计。向他们学习，我决心多待些时日，尽管饮食所剩无几，还是坚持捕了一系列完好的标本。十一月末我必须回去，以便赶上东部季风的尾巴。大多数跟我做交易的当地人都为我带回了标本，有一位很不幸一只未能获得，于是带回了当时拿走的斧头。另一位承诺我找来六只，结果在我出发前共给我五只，得知我要离开立即为我再去捕最后一只。起航时未见他身影，我以为太迟，谁想船刚开便见他追来，高举鸟儿，满意地交给我说：现在我的任务完成了。所谓的野蛮人有此诚信实在可贵，毕竟这里无须太多的规则。总之，红极乐鸟是卫古岛的独特品种。’”

雄鸟前额、下巴、脸颊和喉部是有金属光泽的草绿色，下巴变黑。眼睛上方的羽毛竖起，形成丛毛。头后橘黄色。头部的所有羽毛都很短，密实，如天鹅绒一般，将鼻孔遮住。背上部、披风、肩羽、胸部上方和腰部都是橘黄色。羽翼、尾羽、背部和下体深栗色，胸部最深，接近黑褐色。翅膀以下长出深红羽毛，像草一样闪耀，端部发白，羽瓣和羽轴皆如此，和王极乐鸟有些类似。背部下方有两根无羽瓣的羽轴，黑色卷曲状，垂至尾部卷曲两圈，十分显眼。

雌鸟前额、下巴、两颊和喉部都是深栗色。头后、胸部上方黄色，背部上方和肩羽深赭黄色。其余羽毛，包括羽翼和尾羽皆为深褐色。喙牛角色，基部铅色。脚和跗跖黑色。

分布地点：卫古岛（华莱士）；噶门和巴坦塔岛（伯恩斯坦）。

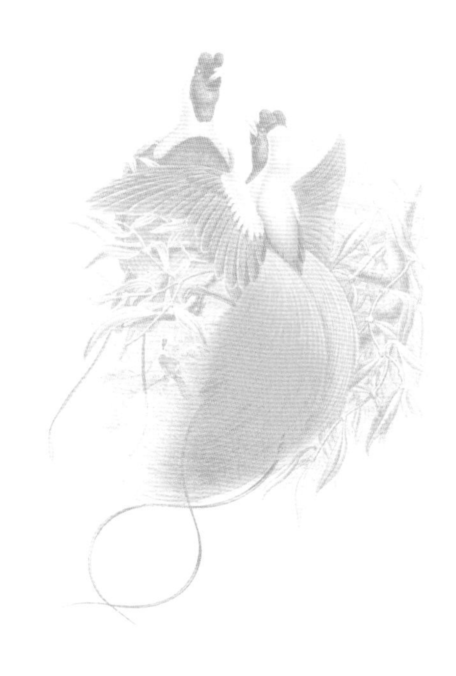

号声极乐鸟

Phonygammus keraudrenii

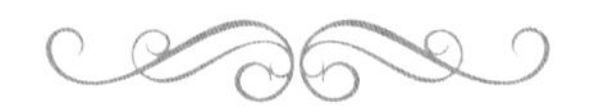

新几内亚岛东部和中部地区是号声极乐鸟最原始的家，至今此地海拔5000英尺的山区还有它们生命的印记。有人在阿鲁群岛和昆士兰北部也见过它们。

古尔德先生见到几只史丹利船队航行带回的标本，就此做出了这幅画。从其颈后修长的披针形毛羽可判断为雄性。

它们常在高大的果树上逗留，叫声浑厚悦耳，以浆果和水果为食。

其巢很平，由卷须状藤蔓植物组成，通常建在高处树叶间，与伯劳为邻。卵为浅紫红色，上有栗棕色和紫灰色斑点。

图版29

大掩鼻风鸟

Ptiloris paradiseus

大掩鼻风鸟生活在澳大利亚东部，介于新南威尔士到昆士兰中部之间。其羽翼短粗，不善飞行，喜欢在树与树之间跳跃，爱吃昆虫和水果。图片显示雌鸟的毛羽缺少金属光泽，颜色暗淡。它们上身灰褐色，下体米色。交配时节，雄性在水平的树枝上嘶哑地鸣叫。

大掩鼻风鸟善于将巢建在树叶繁茂的地方，巢很浅，由枝叶组成，外层精致，边缘常用蛇蜕的皮装饰。其卵为粉白色，上有栗棕色和紫灰色斑点。幼鸟的颜色介于雌雄成鸟之间。

图版30

小掩鼻风鸟

Ptiloris victoriae

这种漂亮的鸟儿生活在大型灌木林中，尤其是昆士兰东北部的离岸小岛上。古尔德为其冠名“维多利亚女王鸟”，不仅出于对女王的尊敬，也表达对女王支持其工作的感恩之情。

小掩鼻风鸟成对生活，叫声和大掩鼻风鸟很像，靠水果和昆虫为食。

其巢开阔，呈杯子形状，由树枝、叶子和藤蔓植物构成。边缘是精美的树枝，上有蛇皮做装饰，外观考究。卵为肉色，带有红色、紫灰色和紫罗兰色印记。

图中为两只雄鸟和一只雌鸟。

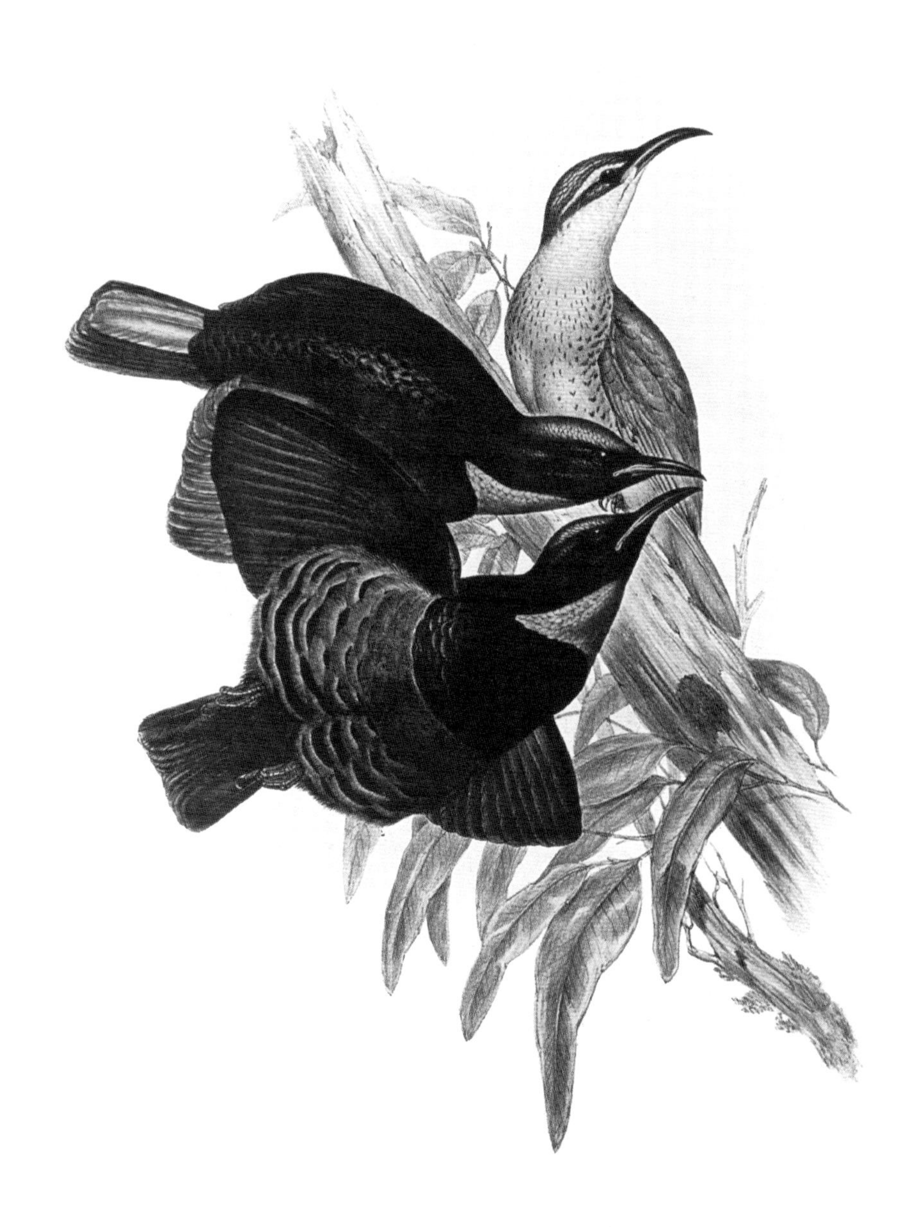

图版31

丽色掩鼻风鸟

Ptiloris magnificus

在昆士兰北部和新几内亚岛的茂密丛林中，偶尔能听到丽色掩鼻风鸟的悠远的鸣叫，它们善于吃树干间的昆虫和幼虫，爬树的本领很像啄木鸟。

雄鸟在吸引雌鸟时喜欢站在空旷的树枝间，打开羽翼，发出奇怪的沙沙声。时而它会举头仰望，翅膀呈椭圆形，露出蓝绿色的喉咙。肋部黑褐色的毛穗向两旁下垂。

其巢建在繁茂的树间，杯子形，由枯叶和小树枝构成。卵奶白色，有红褐色和橄榄棕色斑点。

图版32

幡羽极乐鸟

Semioptera wallacii

尽管幡羽极乐鸟并非来自澳大利亚，而是巴占岛和哈马黑拉岛，古尔德还是将这种绚丽的鸟列入《澳大利亚鸟类》一书中。雄鸟羽翼上方有两根修长的白色羽毛。求偶时，它们会打开翅膀，露出金属光泽的胸羽，两侧羽毛呈V字形展开，如盾牌一般神气。雌鸟则是暗褐色。

其巢建在僻静的高树上，由树枝和藤蔓组成。交配季节，雄鸟充满节奏的鸣叫时常打破林间的静谧。幡羽极乐鸟可以像啄木鸟一样爬树寻找食物，比如昆虫和浆果。

图版33

第三部分

华莱士的天堂鸟

选自《马来群岛考察记》

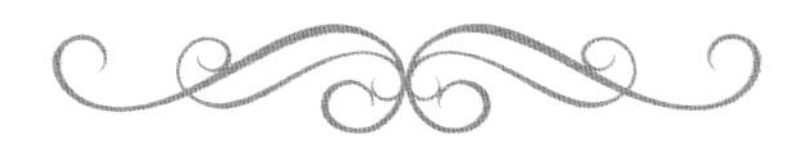

〔英〕阿尔弗雷德·华莱士 著

童孝华 译

阿尔弗雷德·华莱士

阿尔弗雷德·华莱士（Alfred Wallace，1823—1913），英国博物学家、探险家、地理学家与生物学家，出生于苏格兰一个律师家庭。由于父亲投资失败，华莱士13岁便辍学到大哥威廉那里做学徒测绘员，后在某学校谋到教职，又几次更换工作。在颠沛的生活中，他不忘学习，阅读了不少著作，涉及社会学、博物学和地质学等领域，同时，他还结识了昆虫学家亨利·贝茨，二人建立了深厚的友谊。1848年，华莱士决心成为博物学家，并前往巴西采集了4年标本，但在回国的船上发生了火灾，情急之下他不得不舍弃标本去拯救珍贵的手稿和速写。后来他开始撰写论文，编纂著作，认识了一些重要的博物学家，如达尔文。

1854年，华莱士再次复出，前往马来群岛，其最重要的著作——《马来群岛考察记》，便由此完成。此地也使他形成了他著名的自然选择学说，他将这些思想写成文章寄给了达尔文，于1862年回到英国。在马来群岛8年的探险中，他行进2.3万公里，收集到的标本超过12.5万个。

深谙地理学与生物学历史的人们都知道，在马来群岛有一条影响深远的“华莱士线”，它北起菲律宾南部的西里伯斯海，向西南纵贯婆罗洲和西里伯斯两大岛之间的望加锡海峡，一直延伸到峇(bā)厘[1]岛和龙目岛之间的海洋上。

① 峇厘，印度尼西亚岛名，今作巴厘。——审校者注

这条线路的命名便是得力于华莱士本人不畏艰险的长年考察。最终他出版了著作《马来群岛考察记》，内容之浩瀚伟大，包罗万象，令今人都望尘莫及，其中涉及地理、历史、民族、动植物等各类广泛的知识，完全可以将此书更名为《马来群岛百科全书》。

今天，华莱士安葬在多赛特的一个小墓地里，但当时许多著名科学家集资为其在达尔文的墓边安放了一个雕像，以纪念这位星光一般闪耀的学者。甚至有不少后人认为，华莱士在进化论上的贡献应该与达尔文这样的大师平分秋色。

作为一本严肃的博物学著作，《马来群岛考察记》的价值远远超越了普通游记，作者深入实地考察，用平实且生动的语言为读者展现了一个别具一格的岛国世界。

需要说明的是，由于华莱士的原著中只有少量黑白木刻图片，本书根据天堂鸟的不同种类，适当配插一些博物画家绘制的图片，图文互动，以弥补华莱士部分图片的缺失。

天堂鸟

概　述

旅行于我实为目的明确的事情，在多次出游中，获取天堂鸟标本并搜集其习性、分布等信息成为我的初衷。在英国，我算是目前首位来到天堂鸟栖息地进行实地考察并收集到标本的人，我的收获颇丰，在此，愿与大家分享这一切努力的结果。

早先，欧洲的航海家们驶向马鲁古群岛寻找珍贵的香料，如丁香和肉豆蔻等，在当地，有人赠送他们风干的鸟皮，由于其华丽奇特，即便眼界开阔的旅行者们也不禁为其啧啧称奇。马来人叫它“上帝之鸟”，葡萄牙人发现其无翅无脚，唤其“太阳鸟”，而博学的荷兰人给了它一个高雅的拉丁语名字“天堂鸟”。据说，在16世纪，没有人见过活鸟，原因是它们追逐太阳飞翔，在天空生活，直到死亡才会落地。印度和荷兰都有人见过类似无翅无脚的鸟类，但其标本昂贵稀少，在当时的欧洲尚不多见。百年之后，探险家威廉·番涅尔远航到过新几内亚地区，他见到天堂鸟的标本。据说，天堂鸟吃了肉豆

蔻后被麻醉失去知觉倒地，被蚂蚁咬死。林奈曾为其冠名“无足天堂鸟”，不过当时的欧洲并没人看到过其标本。他还命名了一个小型鸟类“王极乐鸟”，后来又发现了10种其他的天堂鸟。诚然，最初的描述皆以新几内亚土著人保存的鸟皮为线索，远不够精准。

南太平洋岛国巴布亚新几内亚，是世界上著名的天堂鸟之乡。天堂鸟生活在深山老林里，全身五彩斑斓的羽毛，硕大艳丽的尾羽，腾空飞起，有如满天彩霞，流光溢彩，祥和吉利。巴布亚新几内亚人民最引以为豪的就是天堂鸟。当地居民深信，这种鸟是天国里的神鸟，它们食花蜜饮天露，造物主赋予它们最美妙的形体，赐予它们最妍丽的华服，为人间带来幸福和祥瑞。金属丝般的羽毛装点其身体，有些从头部、背部或肩部伸展出来，绚烂无与伦比，哪怕是蜂鸟。学界通常将其分成两科：天堂鸟科和镰嘴天堂鸟科，后者鸟喙长而薄，与戴胜鸟很像。简述之后，笔者愿为读者增添各鸟的概述，以作补充。

大极乐鸟

Paradisaea apoda

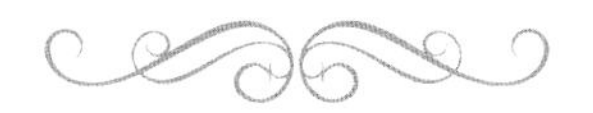

大极乐鸟又名林奈无脚天堂鸟，是已知的体型最大的极乐鸟，身长17~18英寸。身体、羽翼和尾羽为漂亮的咖啡色，胸部为紫褐色。头顶与颈部羽毛稻黄色，像天鹅绒一样浓密。眼睛至喉部长有翠绿的鳞状羽毛，十分鲜艳。喙是暗淡的灰蓝色。其跗跖健壮，形状灵巧。中间的两支尾羽犹如金属丝般，向外曲线展开，长24~34英寸。羽翼下方长有一簇橙色长羽毛，端部暗棕色，可以随意舒展，盖住身体。

不同于雄鸟的艳丽，雌鸟的色彩与长相都极其普通，它们全身褐色，毫无变化，没有金属光泽的尾羽和彩色的翎毛。幼小的雄鸟与雌鸟很像，只能通过解剖才能区分。随后，雄性幼鸟头上或喉部会逐渐长出黄色羽毛，两支中间尾羽变长，直至脱离羽瓣，成为羽箭。通常它们每年换羽一次，要过四年才能完全丰满。

大极乐鸟异常活跃，精力旺盛，整日在运动中。它们数量

图版34

很多，常有雌鸟与幼鸟成群出现，叫声响亮，远处便能听到。有关其筑巢信息尚不知晓，据当地人说，其鸟巢由树叶构成，建在蚁穴或高大的树干上，里面只有一只雏鸟。没人见过它们的卵，实为可惜。每年1至2月，是换羽的季节，5月羽毛达到丰满，雄鸟们成群聚集，展示自己的魅力。由于比较惹眼，常遭人类捕获，人们趁其翩翩起舞之时，用钝箭击落，避免其流血毁坏毛羽的完整。

为方便保存，人们将其羽翼和跗跖切掉，剥下皮，取其颅骨和鸟喙，接着用树棍从嘴里穿起，塞上树叶作为填充，再由植物包裹起来，放入烟熏的室内烘干。这样一来，原本的尺寸大大缩减，导致很多人错误地认识它们的实际大小。

至今，我还未得到确切的关于大极乐鸟的分布情况，只知道很多情况下它们是在阿鲁群岛被发现的。

小极乐鸟

Paradisaea minor

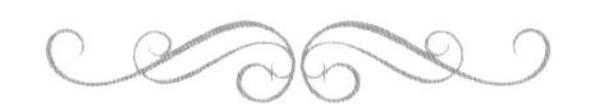

小极乐鸟又称巴布亚极乐鸟（由华莱士书中所写的英文名直译而来），是大极乐鸟的浓缩版。二者的区别是小极乐鸟颜色偏淡。它们背部上方和羽翼隐蔽处为黄色，尾羽触毛较短。胸部没有变得更深。其雌鸟与大极乐鸟区别明显：下身几乎是白色，更显美丽。幼小的雄鸟与雌鸟很像，但长大后变成棕色。当地很多女士喜欢用其羽毛做头饰，非常畅销。

小极乐鸟分布广泛，在新几内亚岛、米苏尔岛、约比岛、皮亚克岛和苏克岛都很常见。我本人多次见过它们。作为杂食动物，它们主要吃水果和昆虫，尤其是小无花果、蚂蚱、蝗虫和毛毛虫等。1862年，我曾在新加坡遇到两只雄鸟，它们已经成熟，正贪婪地吃着大米、香蕉和蟑螂。后来我用100英镑的高价买下它们，并小心翼翼地运回英国。途中经过孟买，我专门为其储备了一些香蕉。然而在船上想要找到足够的蟑螂绝非易事，幸好在马耳他停留的两周里我从一个面包店捉到不少，放在盒子里，为接下来的航行作好补给。3月份，我们的船到达地中海，寒风刺骨，它们的笼子就放在舱口处，但未见其难耐严寒，最终我们安全到达伦敦，将它们放在动物园中，展示给游人观赏。可见，天堂鸟非常坚强，只要有新鲜的空气和活动空间，它们在冷热气候下都能适应。后来这两只鸟活了一两年，若是能有更温暖的环境，相信还能生存更久。

当地土著在捕捉天堂鸟

红极乐鸟

Paradisaea rubra

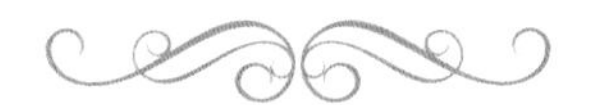

尽管红极乐鸟与以上两种极乐鸟是近亲，但是区别稍大。这种鸟与小极乐鸟大小差不多，身长13~14英寸，但其侧羽是深红色，而非黄色，由尾巴末端延伸三四英寸。中间两支尾羽不再失去羽瓣，而是变成坚硬的黑色缎带，弯曲，呈半圆柱形状，犹如触角。整个尾羽向下悬垂，螺旋状，构成优雅的双曲线。喉部为鲜艳的绿色，有金属光泽，直到眼后。喙黄色，虹膜黑橄榄色。

雌鸟整体咖啡色，头黑色，后颈和肩部黄色，极其普通，更显得雄鸟色彩艳丽。和其他鸟类一样，雄鸟的羽毛先从头部和颈部开始变化，然后是尾部的细丝，最后是红色的侧羽。有幸获得了一系列标本，我得以分阶段观察其尾羽发展方式，起初中间的两根尾羽极其普通，后来延长，羽瓣则逐渐变窄，最后有黑色缎带质感的角质形成，红色侧羽开始出现。

天堂鸟的羽毛与色彩发育很有意思，它们的发展是通过变

Le Paradisier Rouge, Male adulte

Publié par Arthus [illegible]

Prêtre pinx　　N. Remond Imp　　Oudet sculp

异以及雌鸟对雄鸟进行选择的渐增能力而产生，雄鸟的绚丽绝非只为简单修饰。我们推断，体现性别颜色差异最早是由遗传决定的，幼鸟身上便有体现。

刚刚描述的三种鸟构成了一个特别的群体，它们总体结构相同，比如体型比较大，身体、翅膀和尾部都是棕色，雄鸟有装饰性羽毛。它们分布在天堂鸟栖居的整个地带，但每种都有其特定活动范围，各自为界。

王极乐鸟

Cicinnurus regius

马上要介绍的是“王极乐鸟”，它与前面三种鸟差别很大，属名为“丽色王极乐鸟属”，马来人称它“王鸟”。这种鸟约6.5英寸长，小巧可爱，其尾部和翅膀都很短。头部、喉部和上体为光鲜的深红色，前额橘色，直至嘴部以下。整体华丽，显示金属光泽。腹部、胸部白色，喉部下方有绿色斑纹，眼睛上方也有同样颜色的斑点。羽翼下方生出一簇灰色羽毛，顶端翠绿，周围杂以米色线条。它们掩盖在翅膀下面，欢乐时伸展开放，在肩部形成精美的扇形。两支中间尾羽呈箭状，纤细如丝，末梢有翠绿羽瓣，像圆盘一般，奇异华丽。喙为橘色，跗跖蓝色。

这种鸟的雌性极其普通，让人很难相信与雄鸟属于同种。上体土褐色，下体黄褐色，纹路呈鳞甲状和带状，杂以暗色的花纹。雄性幼鸟和雌鸟很像，发育过程与红极乐鸟类似，但很遗憾，我还未找到其标本。

J. Wolf & J. Smit del. et lith. M. & N. Hanhart imp.

CICINNURUS REGIUS

图版36

王极乐鸟喜欢聚集在茂密的小树林中，以各种水果为食，尤其是大的植物果实。其翅膀与脚非常灵活，飞起来发出嗖嗖的声响，很像南美洲的侏儒鸟。它们频繁拍打翅膀，露出胸部扇形的漂亮毛羽，尾部丝线分成双曲线，十分优雅。在阿鲁群岛，这种鸟数量很多，早先便被带到欧洲，此外，新几内亚岛周边的其他小岛也曾出现过它们的身影。

丽色极乐鸟

Diphyllodes magnificus

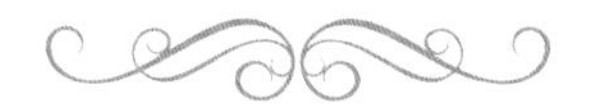

现在介绍一下“丽色极乐鸟”，在布封的书里曾被提到过，由于背部有一对漂亮的披肩，有人将其归于“丽色极乐鸟”属。头部覆盖着天鹅绒般的棕色羽毛，从背部向前推移遮住鼻孔。颈背长出大片浓密的黄色羽毛，形成一个披肩，约1.5英寸长。披肩下方又形成一个红棕色披肩，其余部分为橙棕色，尾羽深青色，羽翼橙黄。下体长出丰厚的羽毛，深绿色，杂以紫色。尾部中间伸出钢青色羽毛，约10英寸长，内侧有羽瓣，形成圆环。跗跖为蓝色。

目前对这种鸟的了解仅限于鸟皮，但经推断，我们认为它们的羽毛是可以竖起展开的，像半圆形。披肩可以高耸，着实好看。

在新几内亚岛和米苏尔岛，都有它们的踪迹。

J Wolf & J Smit del. et lith. M & N Hanhart imp.

DIPHYLLODES CHRYSOPTERA.

图版37

威氏极乐鸟

Diphyllodes respublica

更为珍稀的一种是“威氏极乐鸟”，它们后颈为硫黄色，下面的披肩与翅膀正红色，胸部深绿，中间拉长的尾羽与其他天堂鸟相比不算很长。最奇妙之处是其头顶无羽毛，而头顶钴蓝色的皮肤十分特别。

它们的体形与丽色极乐鸟相似。雌鸟也是同样普通。目前我们尚无其标本。

J. Wolf & J. Smit del. et lith.

M.&N. Hanhart imp.

DIPHYLLODES RESPUBLICA

华美极乐鸟

Lophorina superba

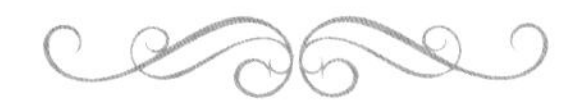

华美极乐鸟的图片最先由布封提供，这是整个天堂鸟中最珍稀夺目的一种。人们对其的了解仍局限在当地一些残缺不全的鸟皮。这种鸟比丽色极乐鸟略大，羽毛主要是浓黑色，颈部反射金属光泽，头部覆盖着蓝绿色鳞状羽毛。胸部由坚硬的蓝绿色羽毛形成护盾，从两侧展开，如缎子般富有光泽。后颈部的护盾比胸部的大许多，黑色，如天鹅绒一般。高耸起来时，形状奇特。喙黑色，跗跖可能是黄色。

这种可人的小鸟分布在新几内亚岛的北部，当地人叫它“黑色天堂鸟”（Paradisea atra），没人知道其价值珍贵，所以一直未见到其鸟皮出售。我们对它们的习性尚不知晓，唯一可以确定的是其雌鸟也同样其貌不扬。

Pl. 98.

La Lophorine superbe, Lophorina superba.

P. Oudart del. Litho. de C. Motte.

阿法六线风鸟

Parotia sefilata

阿法六线风鸟，又称金色天堂鸟，最早出现在布封的著作插图中。大小与红极乐鸟差不多，其羽毛乍看上去是黑色的，但在特定光线下是青铜色和深紫色。喉部与胸部由鳞状羽毛覆盖，金色。前额是纯白的，从头两侧长出6根漂亮的羽毛，因此得名。这些羽毛细如丝，6英寸，端部有羽瓣。胸侧的羽毛浓密而柔软。喙黑色，短而平，羽毛向前盖住鼻孔。我们对其的了解仅限于几张当地人保存的鸟皮，其他还无从知晓。

L'OISEAU DE PARADIS A SIX FILETS. *Le Sifilet.*

PARADISEA SEXSETACEA. Lath. AUREA. Gm.

幡羽极乐鸟

Semioptera wallacii

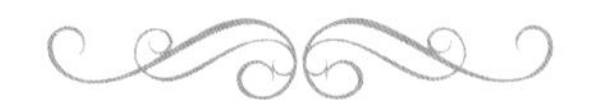

幡羽极乐鸟，又名奇翼天堂鸟，是我最新从巴琴岛发现的。此鸟颜色主要是橄榄棕色，在背部中间加深成青铜色，头冠上有苍白的紫罗兰色。遮盖鼻孔的松散羽毛向上弯曲。胸部两侧长出尖尖的长羽毛，蔓延至羽翼末端。最奇特的地方是其靠近每只翅膀弯曲处长出的一对窄长的羽毛，覆羽一旦竖立，便可看到这对羽毛显露，可以直立起来。当鸟儿兴奋时，它们就张开，略微散开，与翅膀构成直角。它们身长11英寸。喙橄榄色，虹膜深橄榄色，跗跖为亮橙色。

雌鸟长相普通，浑身为灰暗的土褐色，头部有一点紫罗兰色，缓解了整体的单调。幼小的雄鸟与之相似。

它们喜欢栖居在矮树丛中，在树枝间来回跳跃，爱好运动。细小的树枝和光滑的树干都是它们可以依附的处所。其叫声吱吱嘎嘎。雄鸟经常拍打它们的翅膀，竖起长羽毛，显示自己傲人的胸盾。

图版41

幡羽极乐鸟在济罗罗岛被发现过，我们的标本都是从那里获得的。这是在马鲁古群岛地区找到的唯一一种天堂鸟，其他的都分布在新几内亚及邻近岛屿和北澳大利亚。

黑镰嘴风鸟

Epimachus fastosus

黑镰嘴风鸟，是镰嘴风鸟属的一种。其天鹅绒般的羽毛闪耀着赤褐色与紫色的光泽。尾羽有2英尺长，十分显眼。胸部两侧长出一组宽羽毛，在末端膨胀，带有蓝色与绿色的条纹。喙长而弯，跗跖黑色。整个身长3到4英尺。

它们栖居在新几内亚岛的山中，与阿法六线风鸟居住在同一个地区，有人说它们也在海岸附近出现过。据说它们会在地下或岩石下筑巢，有两个口保证其出入自如。这种习性并不多见，但并不排除这种可能，毕竟当地人的描述多数是最真切的资料来源。

图版42

十二线极乐鸟

Seleucidis melanoleucus

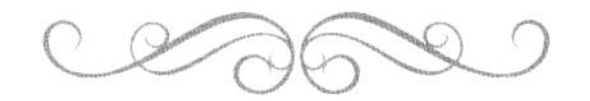

十二线极乐鸟也叫长嘴天堂鸟，身长12英寸，弧形的扁长喙就占了2英寸。胸部与上体乍一看是黑色，但仔细观察每处都色彩纷呈，在不同光线下，这些色调会一一呈现。头部天鹅绒般的短羽毛是紫青铜色，闭合的翅膀与尾羽是紫罗兰色，覆盖胸部的羽毛为黑色，带有暗淡的绿色和紫色光泽，外缘点缀着翠绿色斑纹。下体是鲜艳的淡黄色，两簇侧羽向外延伸，比尾羽还长。两侧各伸出6根羽轴，拉长为黑色细丝，呈弧形，极其曼妙。喙墨黑色，跗跖亮黄色。

雌鸟不像雄鸟那样鲜艳，无装饰羽毛。头顶与颈部都是黑色，上体为红褐色，下体黄灰色，胸部略带黑色，浑身杂以波形条纹。

它们分布在萨尔雅岛和新几内亚岛西北部，喜欢栖居在开花树木上，其脚部有力，紧紧抓住花朵，吮吸里面的精华。它

J Wolf & J Smit del et lith

M & N Hanhart imp

SELEUCIDES ALBA

图版43

们喜欢运动，很少停留一处，速度很快。这种鸟喜欢独处，叫声刺耳，通常连叫几声便一跃而起。

在新几内亚岛，人们常在其出没的地方设下陷阱，将其捕获。

丽色掩鼻风鸟

Ptiloris magnificus

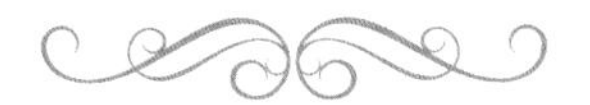

丽色掩鼻风鸟，现归类于裙风鸟属或掩鼻风鸟属。与之前提到的天堂鸟相比，其毛羽艳丽程度稍显逊色，主要装饰便是金属般的绿色胸甲，以及胸部两侧的小簇茸毛。背部和羽翼为黑色，在光线下有深紫色光泽，中间两支尾羽蓝绿色，表面柔软光滑。下巴、喉部和胸部覆盖着浓密的鳞甲状的羽毛，具有绿色的光泽，质感柔软。尾部黑色。两簇侧羽与真正的天堂鸟侧羽相似，但很稀疏，呈黑色。头的两侧是紫罗兰色，天鹅绒般的羽毛向下延伸，盖住鼻孔。

我在多利得到了一只雄性幼鸟，上体、翅膀和尾羽都是红褐色，下体暗灰色，布满波浪形黑色条纹。眼睛上方有条纹，嘴角的条纹延伸到颈部。全长14英寸。

L'Epimaque Superbe, Mâle adulte.

Publié par Arthus Bertrand

Prêtre pinx. N. Remond imp.t Massard sculp

图版44

图版45

阿尔伯特裙天堂鸟[1]

Ptiloris alberti

在澳大利亚北部的约克角，生存着一个相近的物种，叫作阿尔伯特裙天堂鸟，其雌鸟与下文将要介绍的大掩鼻风鸟雄性幼鸟相似。

① 阿尔伯特裙天堂鸟实为丽色掩鼻风鸟的同物异名。——审校者注

J Wolf & J. Smit del. et lith.

M&N Hanhart imp

PTILORIS ALBERTI

图版46

大掩鼻风鸟

Ptiloris paradiseus

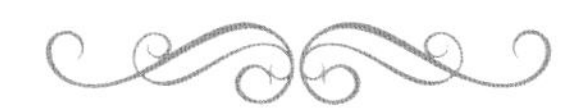

在澳大利亚北部，还分布着两种与丽色掩鼻风鸟很像的掩鼻风鸟，一种叫作大掩鼻风鸟，另一种叫作小掩鼻风鸟。

J. Wolf. & J. Smit. del. et lith.

M. & N. Hanhart. imp.

PTILORIS PARADISEUS

图版47

小掩鼻风鸟

Ptiloris victoriae

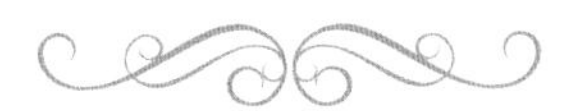

图版48

黑蓝长尾风鸟

Astrapia nigra

新几内亚岛上还有一种美丽的“天堂鹊”（黑蓝长尾风鸟），这也是一种天堂鸟，它的大小与红极乐鸟相同，但尾羽较长，带有紫罗兰光泽。背部青黑色，喉部与颈部周边有宽松的铜色羽毛，头顶与颈部还有闪亮的翠绿色羽毛。头部周围的所有羽毛可以竖立，伸展开时美轮美奂。喙黑色，跗跖黄色。

图版49

长尾肉垂风鸟

Paradigalla carunculata

新几内亚岛还有一种天堂鸟叫作长尾肉垂风鸟，它们数量稀少，头部有光秃秃的肉冠，据说生活在新几内亚岛的山中，目前费城博物馆有一只藏品。

J Wolf & J Smit del. et lith

M & N Hanhart imp.

PARADIGALLA CARUNCULATA

辉亭鸟[1]

Sericulus aureus

辉亭鸟，博物学家曾叫它金色天堂鸟，与澳大利亚的园丁鸟归于同属。但我认为其喙的形状与羽毛特征差异较大，应该列为一个独特的属类。这种鸟喉部、尾部及翅膀与背部有部分黑色，其余全是黄色。主要特征是身上橘黄色的长羽毛，盖住了颈部到后背的地方，像斗鸡脖子上的羽毛。

它们栖息在新几内亚岛，在萨尔雅底也发现过。关于其习性尚且没有信息，只知道它们很稀有，我只获得了一张不完整的鸟皮。

[1] 辉亭鸟，华莱士自己并不确定到底是否该将其列为天堂鸟这一类，事实证明他的这种疑惑是对的，后来的鸟类学家证实辉亭鸟确实不属于天堂鸟，而是园丁鸟的一种。——审校者注

J Wolf & J Smit del. et lith.　　M & N Hanhart imp.

XANTHOMELUS AUREUS.

现在我列出迄今已知的天堂鸟，连同它们的栖居地一并展示给读者。

1. 大极乐鸟（*Paradisaea apoda*）：阿鲁群岛
2. 小极乐鸟（*Paradisaea minor*）：新几内亚岛、米苏尔、约比
3. 红极乐鸟（*Paradisaea rubra*）：卫古岛
4. 王极乐鸟（*Cicinnurus regius*）：新几内亚岛、阿鲁群岛、米苏尔、萨尔雅底
5. 丽色极乐鸟（*Diphyllodes magnificus*）：新几内亚岛、米苏尔、萨尔雅底
6. 威氏极乐鸟（*Diphyllodes respublica*）：卫古岛
7. 华美极乐鸟（*Lophorina superba*）：新几内亚岛
8. 阿法六线风鸟（*Parotia sefilata*）：新几内亚岛
9. 幡羽极乐鸟（*Semioptera wallacii*）：巴琴岛、济罗罗岛
10. 黑镰嘴风鸟（*Epimachus fastosus*）：新几内亚岛
11. 十二线极乐鸟（*Seleucidis melanoleucus*）：新几内亚岛、萨尔雅底
12. 丽色掩鼻风鸟（*Ptiloris magnificus*）：新几内亚岛
13. 阿尔伯特裙天堂鸟（*Ptiloris alberti*）：北澳大利亚
14. 大掩鼻风鸟（*Ptiloris paradiseus*）：东澳大利亚

15. 小掩鼻风鸟（*Ptiloris victoriae*）：澳大利亚东北部

16. 黑蓝长尾风鸟（*Astrapia nigra*）：新几内亚岛

17. 长尾肉垂风鸟（*Paradigalla carunculata*）：新几内亚岛

18. 辉亭鸟（*Sericulus aureus*）：新几内亚岛、萨尔雅底

由此得出，在18个物种中，11种来自新几内亚岛，8种完全局限在附近的某些小岛。但是如果我们考虑到这些小岛实际与新几内亚岛息息相关，是一个整体，那么14种鸟类都属于那里，而只有3种属于澳大利亚，1种属于马鲁古群岛。

为了寻找这些令人神往的鸟类，我在阿鲁群岛、新几内亚岛和卫古岛居住了数月，不过我只获得了其中5种鸟类。艾伦先生曾前往米苏尔岛，但也一无所获。听说在新几内亚岛有一个地方可以接触到剥制贩卖鸟皮的人，在当地人的帮助下，他乘坐小船出发了。

尽管做了准备工作，艾伦先生还是遇到了意料之外的困难，比如当地人的敌意与怀疑。他们对欧洲人不太友好，甚至认为我们来此是别有阴谋的。靠毅力与真诚，艾伦最终得到一些人的陪伴，他们一起去狩猎探险。然而在天堂鸟的事情上，除了找到十二线极乐鸟之外，并无进展。

大自然似乎已经采取了防御的措施，这些稀有的奇鸟不常见，尤显珍贵。新几内亚岛北部沿海完全暴露在太平洋的波涛

汹涌中，道路崎岖，没有避风港。此地布满岩石和山脉，由森林、沼泽和峭壁覆盖，几乎是与世隔绝的地带。那里的土著人极其野蛮，仍处于原始人的状态。

至此，我对天堂鸟的探索就结束了。每次耗时半年。我曾多次航行到达它们栖居的地方，找到了5个鸟种。期间，我发现近些年找到的标本已经比之前更少了，各地猎人都在为其美丽的羽毛竞相贩卖收藏，说明人类的捕猎正在对它们的生存产生影响。